Zur Eisenbetontheorie

Eine neue Berechnungsweise

von

W. L. ANDRÉE

Mit 60 in den Text gedruckten Abbildungen

München und Berlin
Druck und Verlag von R. Oldenbourg
1909

Vorwort.

Man wird sich gegenüber den in diesem Buche dargelegten Auffassungen nicht verschließen können, daß sie innerhalb regulärer Spannungswerte im Beton annehmbar sind. Die vorausgesetzte Gleichheit und Proportionalität der Dehnungen des Beton bei Zug und Druck erscheint unmöglich, berechtigt aber doch, wenn man bedenkt, daß sie nur als Theorem für die Formelentwicklung eingeführt werden; der Spannungsgrenze, wo die Gesetzmäßigkeit aufhört, bewegen wir uns zwar zu, erreichen sie aber nicht, sofern die Eisenarmierung genügend stark ist. Selbstverständlich fallen die aufgestellten Formeln (wie überall) in sich zusammen, sobald durch Überbelastung eine Deformation des Baustoffes herbeigeführt wird; was hiernach eintritt, kann nur auf dem Wege der Versuchspraxis erwiesen werden. Jedenfalls dürfen wir von unserm Berechnungsverfahren sagen, daß es der Wirklichkeit näher kommt als die gebräuchlichen Näherungstheorien, weil es die natürlichen Funktionen der Formänderung der Baustoffe wenigstens einigermaßen aufgreift und verarbeitet. Dann auch haben die Formeln den Vorteil überaus großer Einfachheit in der Anwendung, eine Eigenschaft, die dem Praktiker erwünscht ist, die er aber bei den üblichen Methoden nicht so recht findet.

Es liegt auf der Hand, daß eine exakte Theorie sich nur innerhalb der Grenzen aufstellen läßt, wo der Baustoff noch keinen Bruchschaden erleidet. Darüber hinaus muß jede Theorie versagen; hier kann nur die Versuchspraxis Aufschluß geben. Die bestehenden Berechnungsweisen, die versuchen, eine Mittellinie zwischen Theorie und Erfahrung herzustellen, sind schon jetzt recht kompliziert und werden es noch mehr, wenn man die Richtung fortsetzt.

Es darf hier noch besonders auf die in dem Buche berührte Frage, betreffend die Möglichkeit einer vollständigen Aufhebung der Zugspannung im Beton, hingewiesen werden. Es kann dieser ideale Zustand herbeigeführt werden dadurch, daß man die Eiseneinlage vorher anspannt oder dehnt, sie dann einbetoniert und nach vollständigem Erhärten des Beton freiläßt. Diese Manipulation erscheint dem Leser logisch und durchführbar, nachdem ihm das Wesen der Haftspannung bekannt geworden ist.

Zum Schluß wird noch erwähnt, daß in dem Buche einige weiterliegende Erscheinungen, wie z. B. die Scherbeanspruchung des Beton, ferner die Berücksichtigung des Biegungswiderstandes geeigneter Eiseneinlagen nicht erörtert sind, ein Umstand, der darauf hinweist, daß die vorliegende Arbeit zunächst nur als ein Entwurf zu einer nach Ansicht des Verfassers weitgreifenden Berechnungsweise anzusehen ist.

Duisburg im Oktober 1909.

W. L. Andrée.

Inhaltsverzeichnis.

Unsere Eisenbetontheorien stützen sich auf Annahmen, die nicht der Wirklichkeit entsprechen, können daher keinen Anspruch auf Genauigkeit erheben. Die Vernachlässigung der Zugspannung im Beton ist z. B. ganz willkürlich; der Baustoff wird im Gegenteil an den ihm naturgemäß zugewiesenen Spannungseigenschaften festhalten, und diese bestehen nicht nur in Druck- sondern auch in Zugspannungen.

Die folgenden Entwicklungen beruhen darauf, daß zwei zusammengelegte Stäbe (Fig. 1 u. 2), wenn sie von Kräften angegriffen werden, sich gegeneinander verschieben, und daß die Verschiebung aufgehoben werden kann durch Längsschubkräfte zwischen den Berührungsflächen. Die Schubkräfte bestehen als innere Spannungen in jeder Längsschicht eines Balkens, oder können bei zusammengelegten Stäben durch Adhäsion, Haftung oder sonst eine Verbindung erzeugt werden.

Ein eisenarmierter Betonbalken ist ein Gefüge aus zwei Teilen. Wären die Festigkeits- und die elastischen Eigenschaften des Eisens wie die des Betons, dann hätten die in Frage stehenden Schubkräfte nur beschränktes Interesse, so aber beeinflußt das anders geartete Eisen in erheblichem Maße den Spannungszustand des Betonbalkens.

Die Entwicklungen gehen ferner aus von den Elastizitätszahlen E_b des Betons und E_e des Eisens, und es wird vorausgesetzt, daß die Zahlen bei Druck und Zug dieselben sind. Dies trifft bei Eisen zu. Der Beton jedoch verhält sich weniger gesetzmäßig. Die Erfahrungen lehren, daß seine Änderungen bei Zug und Druck verschieden sind und daß die Unterschiede mit dem Alter und der Art des Betons sich ändern. Dann auch halten die Änderungen nicht gleichen Schritt mit den Anspannungen des Stoffes. Zugleich haben aber die Versuche der Materialprüfungsanstalten gezeigt, daß diese Erscheinungen erst wesentlich sind bei höheren Inanspruchnahmen des Betons, und daß die Unterschiede der Formänderung und die Proportionsfehler innerhalb derjenigen

Fig. 1.

Spannungsintervalle, die als äußerste Beanspruchungen zugelassen werden, eine größere Bedeutung nicht haben.

Diese wenn auch nicht ganz sicheren Erfahrungen dürfen wir als Tatsache betrachten und sie einer Rechnung, die an

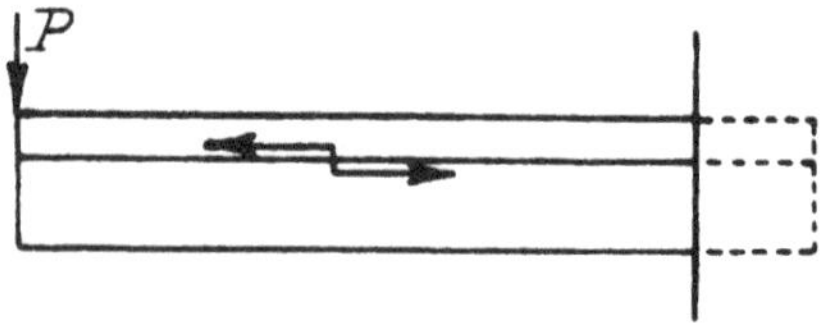

Fig. 2.

und für sich einwandfrei ist, weil sie die natürlichen Funktionen der Materialien aufgreift, ohne Bedenken unterlegen. Die Ergebnisse mögen dann infolge der vorausgesetzten nicht ganz zuverlässigen Annahmen eine Verschiebung erfahren, liefern aber eine Annäherung, wie sie von anderen Formeln nicht erreicht werden kann.

In Wirklichkeit ist die Dehnung des Betons bei Zuginanspruchnahme größer als die Zusammendrückung bei Druckinanspruchnahme. Dadurch erfährt der Wendepunkt der inneren Spannungen des Balkens (neutrale Faser) bei Biegung eine Verschiebung nach der Seite der Druckzone hin. Die Dichtigkeit der Druckspannungen ist deshalb größer als die Dichtigkeit der Zugspannungen. Unsere in Aussicht genommenen Entwicklungen sind nun derart, daß es das richtigste ist, diesem Umstande durch Vergrößerung des Elastizitätsverhältnisses vom Beton zum Eisen bei allen auf Biegung beanspruchten Balken Rechnung zu tragen. Wir wählen statt

$$\frac{E_b}{E_e} = \frac{1}{15}$$

bei unseren Formeln das Verhältnis

$$\frac{E_b}{E_e} = \frac{86\,000}{2\,150\,000} = \frac{1}{25}.$$

(Es ist Aufgabe der Versuchspraxis, dieses vielleicht etwas zu hoch gegriffene Verhältnis zu präzisieren.) Wir schreiben dadurch der Eiseneinlage eine größere Anspannung zu, als tatsächlich besteht. Mit der Anspannung des Eisens aber

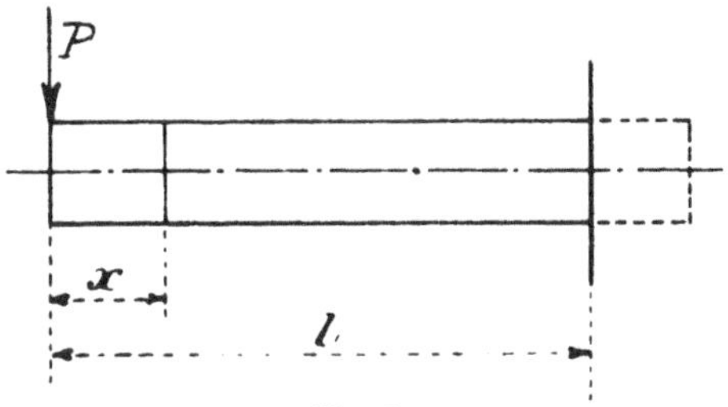

Fig. 3.

hält gleichen Schritt die Haftspannung des Eisens im Beton, und wenn letztere sich als sehr gering ergibt, haben wir eine Garantie für die Tragfähigkeit der berechneten Konstruktion.

An dieser Stelle sei bemerkt, daß nach unserer Ansicht hinsichtlich der Haftspannung gemeinhin nicht zutreffende Vorstellungen bestehen; die Haftspannung zeigt sich in Wahrheit so niedrig, daß ihr Nachweis nur in seltenen Fällen notwendig erscheint.

Um den Grundgedanken unserer Entwicklungen möglichst ausführlich darzulegen, behandeln wir zunächst einen einseitig eingespannten Balken unveränderlichen Querschnittes mit der Last P am Ende (Fig. 3).

Wie bekannt, ist die Biegungslinie eines Trägers in der Schwerlinie = Null, und man nennt diese Schicht die neutrale Faser. Durchschneidet man den Balken irgendwo parallel zur Schwerachse, dann entstehen zwei getrennte Träger, deren Widerstand gegen die Belastung P bedeutend herabschnellt. Die Folge ist eine erhebliche Senkung des Trägers, und es tritt, wie Fig. 4 erkennen läßt, eine wagerechte Verschiebung des oberen gegen den unteren Stab ein. Um den Balken wieder in seinen anfänglichen Zustand zu versetzen, das heißt, die beiden Teile wieder zu einem einzigen zu vereinigen, müssen bestimmte wagerechte Kräfte in der Schnittschicht wirksam sein. Diese Kräfte bestanden ursprünglich in den inneren Schubspannungen, müssen aber jetzt in irgend

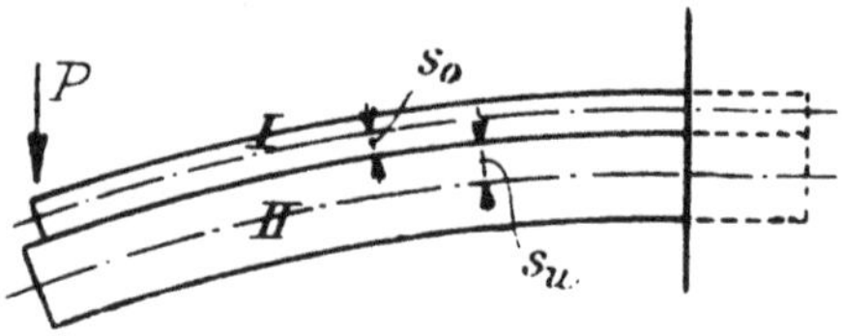

Fig. 4.

einer Weise (wie schon eingangs gesagt) durch Adhäsion, durch Haftung oder sonstwie aufgebracht werden.

Die Bezeichnungen zu dem in Fig. 3 u. 4 dargestellten Fall sind folgende:

Balken I. s_o = Abstand der Schwerlinie von der Berührungskante.

Balken II. s_u = Abstand der Schwerlinie von der Berührungskante.

Balken I. J_o = Trägheitsmoment, F_o = Querschnitt.

Balken II. J_u = Trägheitsmoment, F_u = Querschnitt.

Die in Frage stehende unbekannte Schubkraft zwischen den Berührungsflächen ist für jede Längeneinheit dieselbe. Wir verfolgen die Wirkung der Einheitsspannungen, die mit $\frac{X}{l}$ bezeichnet sein mögen, vom Balkenende an. Es leuchtet ein, daß die Spannungen nach rechts zu sich addieren und daß an der Einspannstelle insgesamt $\frac{X}{l} \cdot l = X$ wirksam sind.

Diese Schubkräfte geben die Träger selbst infolge der Verbindung gegeneinander ab. Sie führen zugleich die wagerechte gegenseitige Verschiebung der beiden Balken auf Null zurück, und dieser Umstand liefert den Ausgangspunkt zur Aufsuchung der Unbekannten X.

Die Bedingungsgleichung, nach der wir diese sowie alle späteren Aufgaben lösen, lautet

$$\int \frac{M_x}{JE} \cdot \frac{\partial M_x}{\partial X} \cdot dx + \int \frac{N}{FE} \cdot \frac{\partial N}{\partial X} \cdot dx = 0 \quad . \quad . \quad . \quad (I)$$

Es wird damit ausgedrückt, daß die Summe aller an dem Balken geleisteten Formänderungsarbeit Null sein muß. Das erste Glied bezieht sich auf die Arbeit aus der Biegung, das zweite Glied auf die Arbeit aus der Normalkraft.

Wir erkennen, daß die Last P in zwei bestimmte Teile zerfällt und zwar P_o auf den oberen und P_u auf den unteren Balken.

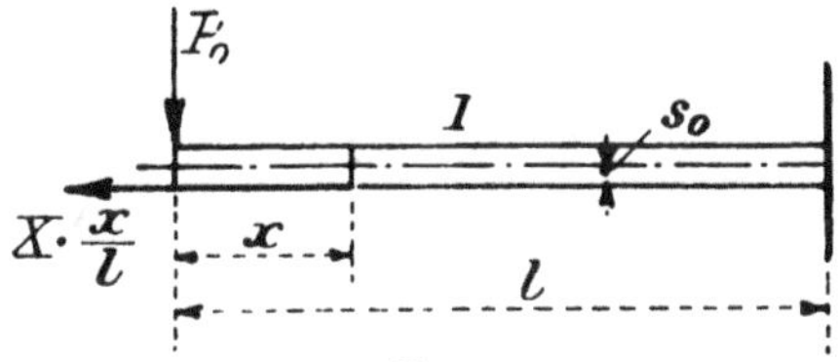

Fig. 5.

Betrachtung des Balkens I (Fig. 5). Arbeit bei der wagerechten Bewegung.

$$M_x = P_o \cdot x - X \cdot \frac{x}{l} \cdot s_o \qquad \frac{\partial M_x}{\partial X} = -\frac{x}{l} \cdot s_o$$

$$\int \frac{M_x}{JE} \cdot \frac{\partial M_x}{\partial X} \cdot dx = \frac{1}{J_o E} \int_0^l \left\{ -P_o \cdot \frac{x^2}{l} \cdot s_o + X \cdot \frac{x^2}{l^2} \cdot s_o^2 \right\} dx$$

$$= -\frac{P_o \cdot l^2 \cdot s_o}{3 J_o E} + \frac{X \cdot l \cdot s_o^2}{3 J_o E}$$

$$N = X \cdot \frac{x}{l} \qquad \frac{\partial N}{\partial X} = \frac{x}{l}$$

$$\int \frac{N}{FE} \cdot \frac{\partial N}{\partial X} \cdot dx = \frac{1}{F_o E} \int_0^l X \cdot \frac{x^2}{l^2} \cdot dx = \frac{X \cdot l}{3 F_o E}$$

Betrachtung des Balkens II (Fig. 6). Arbeit bei der wagerechten Bewegung. Wie vorher ergibt sich

$$-\frac{P_u \cdot l^2 \cdot s_u}{3 J_u E} + \frac{X \cdot l \cdot s^2_u}{3 J_u E}$$

und

$$\frac{X \cdot l}{3 F_u E}$$

Es muß sein

$$\Sigma \text{ Formänderungsarbeit} = 0$$

Also

$$-\frac{P_o \cdot l^2 \cdot s_o}{3 J_o E} - \frac{P_u \cdot l^2 \cdot s_u}{3 J_u E} + \frac{X \cdot l \cdot s_o^2}{3 J_o E} + \frac{X \cdot l \cdot s_u^2}{3 J_u E} + \frac{X \cdot l}{3 F_o E} + \frac{X \cdot l}{3 F_u E} = 0$$

oder

$$\frac{P_o \cdot l \cdot s_o}{J_o} + \frac{P_u \cdot l \cdot s_u}{J_u} = X\left(\frac{s_o^2}{J_o} + \frac{s_u^2}{J_u} + \frac{1}{F_o} + \frac{1}{F_u}\right) \quad . \quad . \quad (1)$$

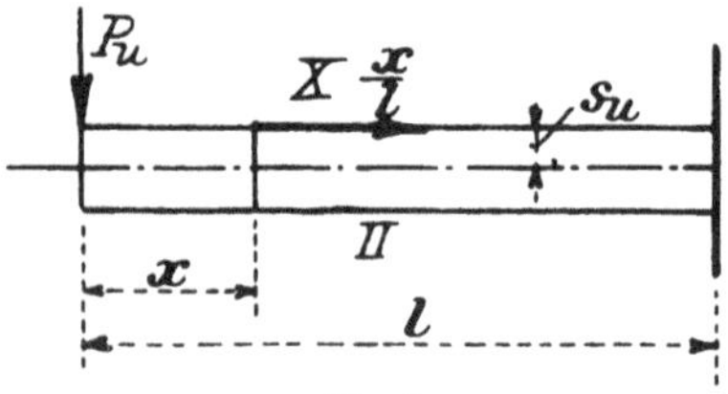

Fig. 6.

Die Gleichung enthält außer X noch die beiden Unbekannten P_o und P_u. Die nötigen weiteren Bedingungsgleichungen lassen sich aufstellen mit

$$P_o + P_u = P \quad . \quad . \quad . \quad . \quad . \quad . \quad . \quad . \quad (2)$$

und mit Hilfe des Satzes, daß auch die Summe der Arbeiten auf dem Wege der senkrechten Bewegung des Balkens gleich Null sein muß.

Betrachtung des Balkens I (Fig. 7). Arbeit bei der Senkung.

$$M_x = -P_o \cdot x + X \cdot \frac{x}{l} \cdot s_o \qquad \frac{\partial M_x}{\partial P_o} = -x$$

$$\int \frac{M_x}{JE} \cdot \frac{\partial M_x}{\partial P_o} \cdot dx = \frac{1}{J_o E} \int_0^l \left\{P_o \cdot x^2 - X \cdot \frac{x^2}{l} \cdot s_o\right\} dx = \frac{P_o \cdot l^3}{3 J_o E} - \frac{X \cdot l^2 \cdot s_o}{3 J_o E}$$

Betrachtung des Balkens II (Fig. 8). Arbeit bei der Senkung. Wie vorher, jedoch mit entgegengesetzten Vorzeichen:

$$-\frac{P_u \cdot l^3}{3 J_u E}+\frac{X \cdot l^2 \cdot s_u}{3 J_u E}$$

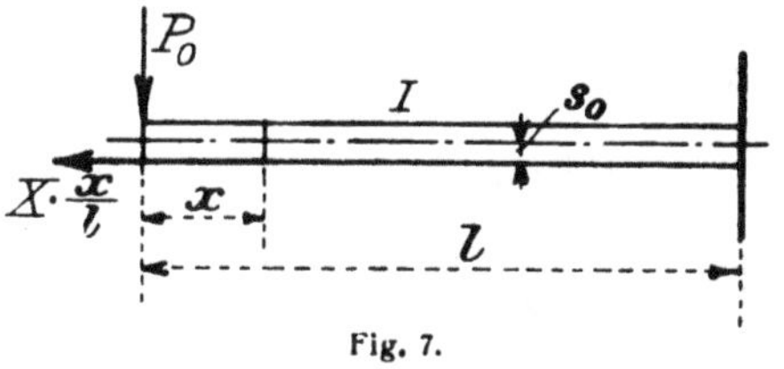

Fig. 7.

Es muß wieder sein

$$\Sigma \text{ Formänderungsarbeit} = 0$$

$$\frac{P_o \cdot l^3}{3 J_o E}-\frac{P_u \cdot l^3}{3 J_u E}-\frac{X \cdot l^2 \cdot s_o}{3 J_o E}+\frac{X \cdot l^2 \cdot s_u}{3 J_u E}=0$$

oder

$$\frac{P_o \cdot l}{J_o}-\frac{P_u \cdot l}{J_u}=X\left(\frac{s_o}{J_o}-\frac{s_u}{J_u}\right) \quad . \quad . \quad . \quad . \quad . \quad (3)$$

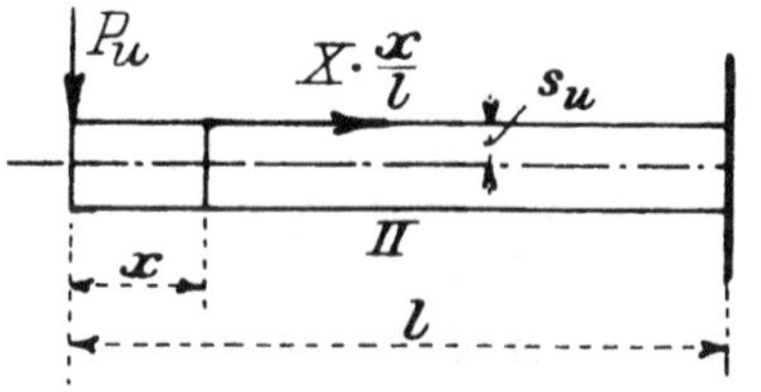

Fig. 8.

Wir schreiben die drei Gleichungen noch einmal untereinander:

$$\frac{P_o \cdot l \cdot s_o}{J_o}+\frac{P_u \cdot l \cdot s_u}{J_u}=X\left(\frac{s_o^2}{J_o}+\frac{s_u^2}{J_u}+\frac{1}{F_o}+\frac{1}{F_u}\right) \quad . \quad . \quad (1)$$

$$P_o+P_u=P \quad . \quad . \quad . \quad . \quad . \quad . \quad . \quad . \quad (2)$$

$$\frac{P_o \cdot l}{J_o}-\frac{P_u \cdot l}{J_u}=X\left(\frac{s_o}{J_o}-\frac{s_u}{J_u}\right) \quad . \quad . \quad . \quad . \quad . \quad (3)$$

Durch Division der ersten und der letzten Gleichung ergibt sich

$$\frac{\frac{P_o \cdot l \cdot s_o}{J_o}+\frac{P_u \cdot l \cdot s_u}{J_u}}{\frac{P_o \cdot l}{J_o}-\frac{P_u \cdot l}{J_u}}=\frac{\frac{s_o^2}{J_o}+\frac{s_u^2}{J_u}+\frac{1}{F_o}+\frac{1}{F_u}}{\frac{s_o}{J_o}-\frac{s_u}{J_u}}$$

oder

$$\frac{P_o \cdot s_o \cdot J_u + P_u \cdot s_u \cdot J_o}{P_o \cdot J_u - P_u \cdot J_o} = \frac{s_o^2 \cdot J_u + s_u^2 \cdot J_o + \frac{J_o \cdot J_u}{F_o \cdot F_u}(F_o + F_u)}{s_o \cdot J_u - s_u \, J_o}$$

Wegen $\qquad P_u = P - P_o$

folgt schließlich

$$\left\{P_o(s_o \cdot J_u - s_u \cdot J_o) + P \cdot s_u \cdot J_o\right\}(s_o \cdot J_u - s_u \cdot J_o) =$$

$$\left\{s_o^2 \cdot J_u + s_u^2 \cdot J_o + \frac{J_o \cdot J_u}{F_o \cdot F_u}(F_o + F_u)\right\} \cdot \left\{P_o(J_o + J_u) - P \cdot J_o\right\}$$

Hieraus ermittelt sich

$$P_o = P \cdot \frac{J_o\left[s_u(s_o \cdot J_u - s_u \cdot J_o) + \left\{s_o^2 \cdot J_u + s_u^2 \cdot J_o + \frac{J_o \cdot J_u}{F_o \cdot F_u}(F_o + F_u)\right\}\right]}{(J_o + J_u)\left\{s_o^2 \cdot J_u + s_u^2 \cdot J_o + \frac{J_o \cdot J_u}{F_o \cdot F_u}(F_o + F_u)\right\} - (s_o \cdot J_u - s_u \cdot J_o)^2}$$

Setzt man endlich für einige Teile der Gleichung einfache Buchstaben, dann schreibt sich der Wert

$$P_o = P \cdot \frac{J_o\left[s_u V + W\right]}{(J_o + J_u) W - V^2} \quad . \; . \; . \; . \; . \quad (4)$$

Hiermit ist auch der Wert P_u gegeben und zwar mit

$$P_u = P - P_o \quad . \; . \; . \; . \; . \; . \; . \quad (5)$$

Nunmehr liefert die Gleichung 1 nach Einführung der ermittelten P_o und P_u die gewünschte Schubkraft

$$X = l \cdot \frac{P_o \cdot s_o \cdot J_u + P_u \cdot s_u \cdot J_o}{W} \quad . \; . \; . \; . \; . \quad (6)$$

Die weitläufig entwickelten Formeln lassen sich anders erheblich einfacher finden, es erscheint jedoch nötig, sie in dieser Weise herzuleiten, einmal wegen der Kenntnis der Teilkräfte P_o und P_u, dann auch, um den Weg zu zeigen, auf dem sich die späteren Aufgaben am leichtesten lösen lassen.

Sodann wird bemerkt, daß die entwickelten Arbeitswerte eine kleine Unrichtigkeit enthalten; sie besteht in der Zahl 3 bei den Nennern aller Glieder; richtig ist 2, Seite 5, 6 u. 7. Der Fehler wurde im Interesse der Einfachheit der Entwicklungen zugelassen und hat, da sich diese Faktoren alle herausheben, keinen Einfluß auf die Richtigkeit des Resultates.

Es dürfte angebracht sein, die Richtigkeit der ermittelten Formeln an einem Beispiel zu zeigen.

1. Zahlenbeispiel.

Gegeben ein Freiträger nach Fig. 9 u. 10 mit folgenden Verhältnissen:

Balken I. $s_o = 3$ cm, $J_o = 180$ cm^4, $F_o = 60$ cm^2, $W_o = 60$ cm^3.

Balken II. $s_u = 6$ cm, $J_u = 1440$ cm^4, $F_u = 120$ cm^2, $W_u = 240$ cm^3, $P = 2$ ton, $l = 270$ cm.

Die Gleichung 4 liefert nach Einführung der Zahlenwerte:

$$P_o = 2 \cdot \frac{180\left[6(3\cdot 1440 - 6\cdot 180) + \left\{9\cdot 1440 + 36\cdot 180 + \frac{180\cdot 1440}{60\cdot 120}\cdot 180\right\}\right]}{1620\left\{9\cdot 1440 + 36\cdot 180 + \frac{180\cdot 140}{60\cdot 120}\cdot 180\right\} - (3\cdot 1440 - 6\cdot 180)^2}$$

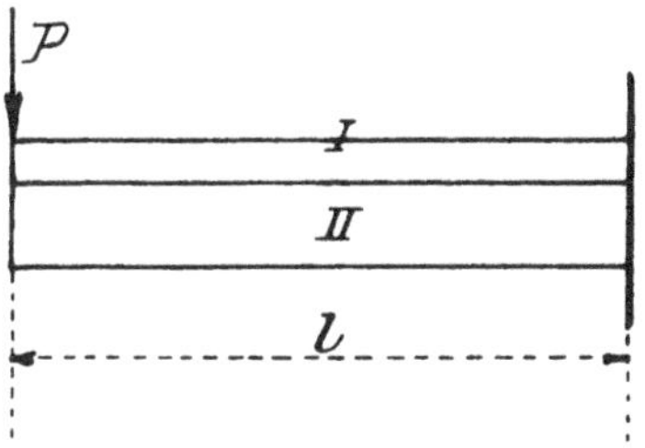

Fig. 9.

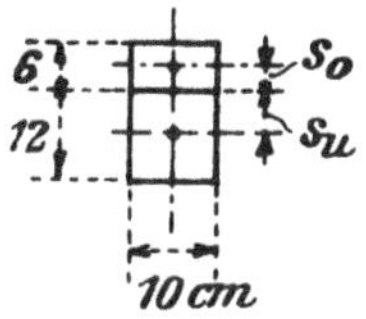

Fig. 10.

$$P_o = 2 \cdot \frac{180\ [6\cdot 3240 + 25920]}{1620\cdot 25920 - 3240^2} = \frac{360\cdot 45360}{31492800} = 0{,}5185 \text{ ton}$$

Weiter berechnet sich

$$P_u = P - P_o = 2{,}000 - 0{,}5185 = 1{,}4815 \text{ ton}$$

Endlich findet man

$$X = 270 \cdot \frac{0{,}5185\cdot 3\cdot 1440 + 1{,}4815\cdot 6\cdot 180}{25920} = \frac{270\cdot 3839{,}94}{25920} = 40 \text{ ton}$$

Beanspruchung der oberen Faser des Balkens I an der Einspannstelle (Fig. 11).

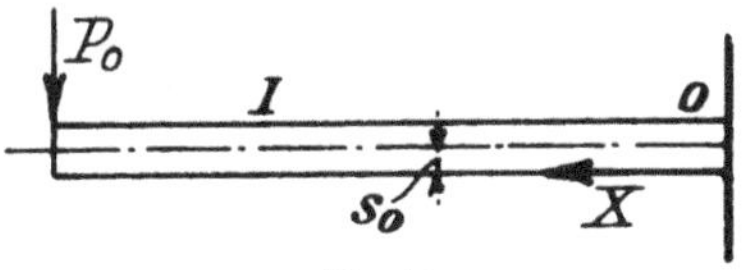

Fig. 11.

$M^o = P_o \cdot l - X \cdot s_o = 518{,}5 \cdot 270 - 40000 \cdot 3$
$= 139995 - 120000 = 19995 \text{ cmkg}$

Normalkraft $N = X = 40000$ kg

Beanspruchung $\sigma_o = \frac{M^o}{W_o} + \frac{X}{F_o} = \frac{19995}{60} + \frac{40000}{60}$
$= 333 + 666 = \sim 1000 \text{ kg/cm}^2$

Beanspruchung der unteren Faser des Balkens II an der Einspannstelle (Fig. 12).

$M^o = P_u \cdot l - X \cdot s_u = 1481{,}5 \cdot 270 - 40000 \cdot 6$
$= 400005 - 240000 = 160005 \text{ cmkg}$

Normalkraft $N = X = 40000$ kg

Beanspruchung $\sigma_u = \frac{M^o}{W_u} + \frac{X}{F_u} = \frac{160005}{240} + \frac{40000}{120}$
$= 666 + 333 = \sim 1000 \text{ kg/cm}^2$

Fig. 12.

Der Schub X wird durch eine gleichmäßig verteilte Verbindung der beiden Balken aufgebracht. Dann wirken die Querschnitte als eine einzige Masse, und das Moment des Balkens ist einfach

$$M^o = P \cdot l = 2000 \cdot 270 = 540000 \text{ cmkg}.$$

Nach Fig. 10 besitzt der gesamte Querschnitt ein Widerstandsmoment von

$$W = 540 \text{ cm}^3.$$

Die Beanspruchung der äußersten Faser berechnet sich somit zu

$$\sigma = \pm \frac{M^o}{W} = \frac{540000}{540} = 1000 \text{ kg/cm}^2.$$

Durch die Übereinstimmung dieses Ergebnisses mit den obigen Werten σ_o und σ_u ist die Richtigkeit der abgeleiteten Formeln erwiesen.

Erheblich einfacher gestaltet sich die Gleichung 6, wenn die Schnittlinie durch die neutrale Achse geht und wenn

$$s_o = s_u = s$$
$$J_o = J_u = J$$
$$F_o = F_u = F$$

dann ist

$$P_o = P_u = \frac{P}{2}$$

und es wird

$$X = \frac{P \cdot l}{2\left(s + \frac{J}{s \cdot F}\right)} = P \cdot l \frac{s}{2\left(s^2 + \frac{J}{F}\right)} = M \cdot \mathfrak{N} \quad . \quad . \quad (7)$$

———

Die Aufgabe gestaltet sich bedeutend einfacher, wenn der mit I bezeichnete Stab sehr dünn wird und sein Anteil an der unmittelbaren Aufnahme von P verschwindet. Dann

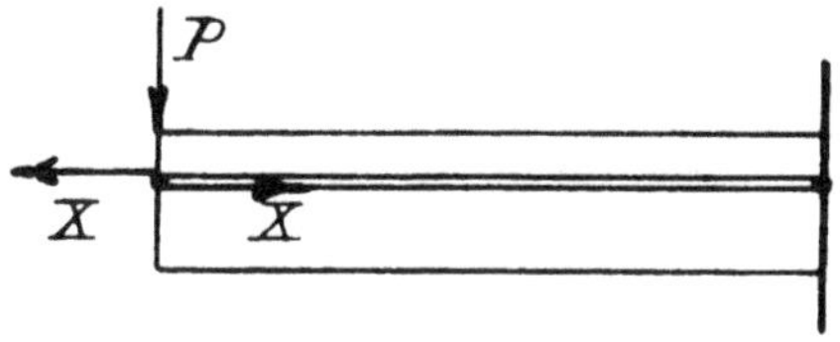

Fig. 13.

wird die Last ganz von dem Balken II aufgenommen. Berücksichtigt man sodann die verschiedenen Elastizitätszahlen von I und II, dann stehen wir vor der Aufgabe eines armierten Betonbalkens, wo der Stab I als Eiseneinlage nur noch Zugspannung erhält.

Um in der Folge Aufgaben dieser Art lösen zu können, müssen wir uns klar sein über das Prinzip, wonach die Schubkräfte, die zwischen den Berührungsflächen der Baustoffe auftreten und mit Haftspannung bezeichnet werden, sich verteilen.

Bei dem eingangs behandelten Fall könnte man sich nach Fig. 13 auch eine konzentrierte Endbefestigung denken. Dann tritt an Stelle der Schubkräfte zwischen den Berührungsflächen eine unveränderliche Anspannung X der Stäbe, die sich ebenfalls auf dem gezeigten Wege ermitteln läßt. Es leuchtet ein, daß diese Kraft kleiner ausfällt, als jene an der Einspannstelle des Balkens zum Ausdruck kommende größte Anhäufung X des Einheitsschubes X'. Es hängt dies mit der Formveränderung zusammen: Eine unveränderlich auf die Stäbe wirkende Anspannung vermag die Stäbe mehr zu dehnen als eine Anspannung, die mit Null am Ende beginnt und geradlinig zunimmt bis zur Einspannstelle. Diese Betrachtung führt zu dem Schluß, daß für den Fall, wo außer der durchlaufenden Längsverbindung (Haftung) noch eine konzentrierte Endbefestigung besteht, diese gar keinen Zweck hat, weil ihre Wirkung von der Wirkung der Längsverbindung überholt wird.

Dieser Tatbestand läßt sich auch mit Hilfe der Arbeitsgleichung I nachweisen.

Wir denken uns den Balken auf der Rückseite, die wir Zugzone nennen, mit einer Eiseneinlage armiert. Die Bezeichnungen sind folgende:

Balken F_b = Querschnitt, J_b = Trägheitsmoment,
E_b = Elastizitätszahl.
Eiseneinlage F_e = Querschnitt,
E_e = Elastizitätszahl.

In Fig. 14a ist die Wirkung der gleichmäßig über die ganze Eisenlage verteilten Haftspannung dargestellt. Die Einheit der Haftspannung sei τ pro cm Eisenlänge. Ihre Wirkung ist vom Ende nach der Einspannung gerichtet. Mit anderen Worten: die Einheitsspannungen τ addieren sich von links nach rechts, und ihre größte Anhäufung besteht an der Einspannstelle mit

$$X_1 = \tau \cdot l, \text{ wo } \tau = \frac{X_1}{l}$$

Bedingung für diese Wirkung ist, daß die Eisenlage an der Einspannstelle des Balkens konzentriert durch Umbiegen oder Einklammern mit dem Beton verbunden wird. Diese Befestigung muß sorgsam sein, denn sie hat der größten Anhäufung der Haftspannung stand zu halten.

Weiter zeigt Fig. 14b den Verlauf der durch die konzentrierte beiderseitige Endbefestigung erzeugten Anspannung X_2 des Eisens. (Die Anspannung wird zunächst als tatsächlich bestehend eingeführt; die Rechnung ergibt, daß sie Null wird.)

Die Aufgabe enthält zwei Unbekannte, nämlich X_1 und X_2. Danach muß sein

$$\int \frac{M_x}{JE} \cdot \frac{\partial M_x}{\partial X_1} \cdot dx + \int \frac{N}{FE} \cdot \frac{\partial N}{\partial X_1} \cdot dx = 0$$

und

$$\int \frac{M_x}{JE} \cdot \frac{\partial M_x}{\partial X_2} \cdot dx + \int \frac{N}{FE} \cdot \frac{\partial N}{\partial X_2} \cdot dx = 0$$

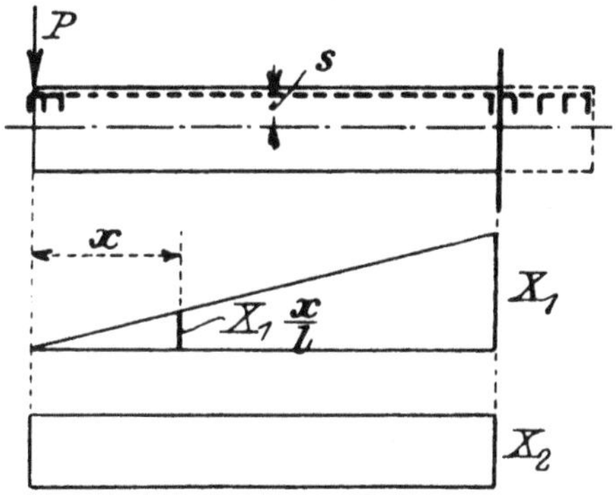

Fig. 14a.

Fig. 14b.

Das Eisen.

$$N = X_1 \cdot \frac{x}{l} + X_2 \qquad \frac{\partial N}{\partial X_1} = \frac{x}{l}, \qquad \frac{\partial N}{\partial X_2} = 1$$

$$\int \frac{N}{FE} \cdot \frac{\partial N}{\partial X_1} \cdot dx = \frac{1}{F_e E_e} \int_0^l \left\{ X_1 \cdot \frac{x^2}{l^2} + X_2 \cdot \frac{x}{l} \right\} dx = \frac{X_1 \cdot l}{3 F_e E_e} + \frac{X_2 \cdot l}{2 F_e E_e}$$

$$\int \frac{N}{FE} \cdot \frac{\partial N}{\partial X_2} \cdot dx = \frac{1}{F_e E_e} \int_0^l \left\{ X_1 \frac{x}{l} + X_2 \right\} dx = \frac{X_1 \cdot l}{2 F_e E_e} + \frac{X_2 \cdot l}{F_e E_e}$$

Der Balken.

$$M_x = P \cdot x - X_1 \cdot \frac{x}{l} \cdot s - X_2 \cdot s$$

$$\frac{\partial M_x}{\partial X_1} = -\frac{x}{l} \cdot s \qquad \frac{\partial M_x}{\partial X_2} = -s$$

$$\int \frac{M_x}{JE} \cdot \frac{\partial M_x}{\partial X_1} \cdot dx = \frac{1}{J_b E_b} \int_0^l \left\{ -P \cdot \frac{x^2}{l} \cdot s + X_1 \cdot \frac{x^2 \cdot s^2}{l^2} + X_2 \cdot \frac{x \cdot s^2}{l} \right\} dx$$

$$= -\frac{P \cdot l^2 \cdot s}{3 J_b E_b} + \frac{X_1 \cdot l \cdot s^2}{3 J_b E_b} + \frac{X_2 \cdot l \cdot s^2}{2 J_b E_b}$$

$$\int \frac{M_x}{JE} \cdot \frac{\partial M_x}{\partial X_2} \cdot dx = \frac{1}{J_b E_b} \int_0^l \left\{ -P \cdot x \cdot s + X_1 \cdot \frac{x}{l} \cdot s^2 + X_2 \cdot s^2 \right\} dx$$

$$= -\frac{P \cdot l^2 \cdot s}{2 J_b E_b} + \frac{X_1 \cdot l \cdot s^2}{2 J_b E_b} + \frac{X_2 \cdot l \cdot s^2}{J_b E_b}$$

Die Formänderungsarbeiten aus den Normalkräften lassen sich nach oben abschreiben:

$$\frac{X_1 \cdot l}{3 F_b E_b} + \frac{X_2 \cdot l}{2 F_b E_b} \quad \text{(nach } X_1\text{)}$$

$$\frac{X_1 \cdot l}{2 F_b E_b} + \frac{X_2 \cdot l}{F_b E_b} \quad \text{(nach } X_2\text{)}$$

Es muß sein

$$\Sigma \text{ Formänderungsarbeiten} = 0$$

mithin

$$\frac{X_1 \cdot l}{3 F_e E_e} + \frac{X_2 \cdot l}{2 F_e E_e} + \frac{X_1 \cdot l}{3 F_b E_b} + \frac{X_2 \cdot l}{2 F_b E_b} + \frac{X_1 \cdot l \cdot s^2}{3 J_b E_b} + \frac{X_2 \cdot l \cdot s^2}{2 J_b E_b} - \frac{P \cdot l^2 \cdot s}{3 J_b E_b} = 0$$

(nach X_1)

$$\frac{X_1 \cdot l}{2 F_e E_e} + \frac{X_2 \cdot l}{F_e E_e} + \frac{X_1 \cdot l}{2 F_b E_b} + \frac{X_2 \cdot l}{F_b E_b} + \frac{X_1 \cdot l \cdot s^2}{2 J_b E_b} + \frac{X_2 \cdot l \cdot s^2}{J_b E_b} - \frac{P \cdot l^2 \cdot s}{2 J_b E_b} = 0$$

(nach X_2)

Multipliziert man die obere Gleichung mit $\frac{3}{2}$, dann folgt durch Subtraktion der beiden Gleichungen

$$X_2 = 0$$

Setzt man $X_2 = 0$, dann liefert eine der beiden Gleichungen ohne weiteres die gesuchte Anhäufung der Haftspannung an der Einspannstelle, nämlich

$$X_1 = X = P \cdot l \cdot \frac{s}{s^2 + \frac{J_b}{F_b} + \frac{J_b \cdot E_b}{F_e \cdot E_e}} = P \cdot l \cdot \mathfrak{N} \quad . \; . \; . \quad (8)$$

Um die Einfachheit der Herleitung von X zu zeigen, sei die Entwicklung noch einmal unter Ausschaltung von X_2 vorgenommen (Fig. 15).

Die Eiseneinlage.

$$N = X \cdot \frac{x}{l} \qquad \frac{\partial N}{\partial X} = \frac{x}{l}$$

$$\int \frac{N}{FE} \cdot \frac{\partial N}{\partial X} \cdot dx = \frac{1}{F_e E_e} \int_0^l X \cdot \frac{x^2}{l^2} \cdot dx = \frac{X \cdot l}{3 F_e E_e}$$

Der Balken.

$$M_x = P \cdot x - X \cdot \frac{x}{l} \cdot s \qquad \frac{\partial M_x}{\partial X} = -\frac{x}{l} \cdot s$$

$$\int \frac{M_x}{JE} \cdot \frac{\partial M_x}{\partial X} \cdot dx = \frac{1}{J_b E_b} \int_0^l \left\{ -P \cdot \frac{x^2}{l} \cdot s + X \cdot \frac{x^2}{l^2} \cdot s^2 \right\} dx$$

$$= -\frac{P \cdot l^2 \cdot s}{3 J_b E_b} + \frac{X \cdot l \cdot s^2}{3 J_b E_b}$$

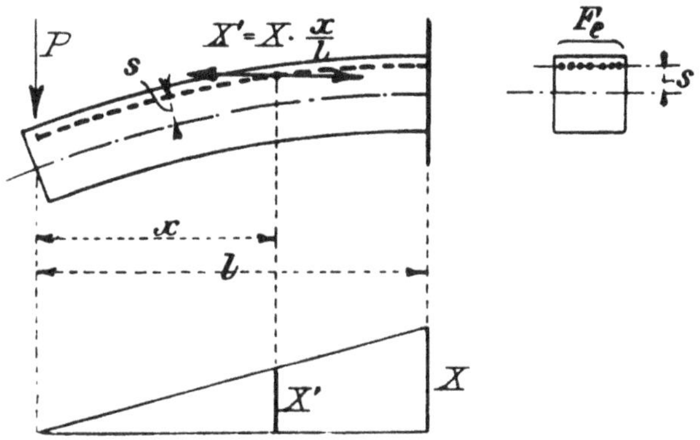

Fig. 15.

Aus der Normalkraft $N = X \cdot \frac{x}{l}$ wie oben

$$\frac{X \cdot l}{3 F_b E_b}$$

Es muß sein

$$\Sigma \text{ Formänderungsarbeit} = 0$$

also

$$-\frac{P \cdot l^2 \cdot s}{3 J_b E_b} + \frac{X \cdot l \cdot s^2}{3 J_b E_b} + \frac{X \cdot l}{3 F_b E_b} + \frac{X \cdot l}{3 F_e E_e} = 0$$

Hieraus

$$X = P \cdot l \cdot \frac{s}{s^2 + \frac{J_b}{F_b} + \frac{J_b \cdot E_b}{F_e E_e}} = P \cdot l \cdot \mathfrak{N} \quad . \; . \; . \quad (8)$$

Hiernach ist das wirkliche Biegungsmoment des Betonbalkens für eine beliebige Stelle im Abstande x vom Ende sehr einfach

$$M_x = P \cdot x - X \cdot \frac{x}{l} \cdot s$$

und an der Einspannstelle

$$M^0 = P \cdot l - X \cdot s = M_{\max} (1 - \mathfrak{N} \cdot s)$$

Die Normalkraft auf einen beliebigen Querschnitt beträgt

$$N = X \cdot \frac{x}{l}$$

An der Einspannstelle

$$N = X$$

Es darf betont werden, daß gegenüber den üblichen verwickelten Berechnungsmethoden unser Verfahren ein überaus einfaches und klares ist.

2. Zahlenbeispiel.

Fig. 16 zeigt den Querschnitt des Balkens. Die Zahlen sind:

$P = 1000$ kg $\quad l = 200$ cm

$J_b = 97200$ cm⁴ $\quad W_b = 5400$ cm³ $\quad F_b = 900$ cm²

$F_e = 20$ cm² $\quad s = 15$ cm

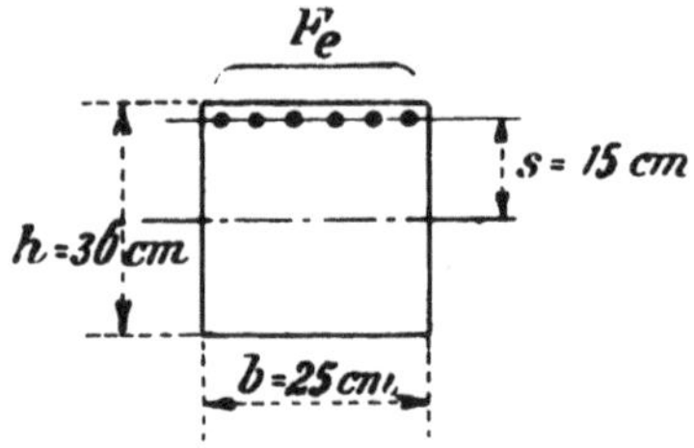

Fig. 16.

Das Elastizitätsverhältnis von Beton zu Eisen sei aus dem früher dargelegten Grunde mit

$$n = \frac{E_b}{E_e} = \frac{86000}{2150000} = \frac{1}{25}$$

angenommen.

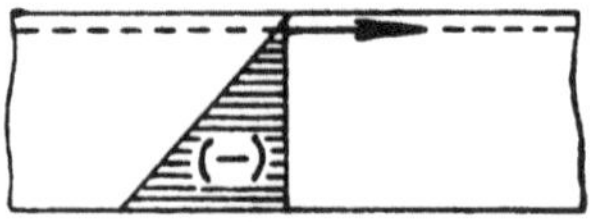

Fig. 16a.

$$X = P \cdot l \cdot \mathfrak{N} = 1000 \cdot 200 \cdot \frac{15}{15^2 + \frac{97200}{900} + \frac{97200 \cdot 1}{20 \cdot 25}}$$

$$X = 5680 \text{ kg}$$

Die Beanspruchung der oberen Faser an der Einspannstelle berechnet sich zu

$$\sigma_o = \frac{M^o}{W_b} - \frac{X}{F_b} = \frac{P \cdot l - X \cdot s}{W_b} - \frac{X}{F_b} = \frac{1000 \cdot 200 - 5680 \cdot 15}{5400}$$

$$- \frac{5680}{900} = 21{,}2 - 6{,}3 = 14{,}90 \text{ kg/cm}^2 \text{ Zug.}$$

Die der unteren Faser

$$\sigma_u = \frac{M^o}{W_b} + \frac{X}{F_b} = 21{,}2 + 6{,}3 = 27{,}5 \text{ kg/cm}^2 \text{ Druck.}$$

Der größte Zug der Eiseneinlage an der Einspannstelle des Balkens war

$$X = 5680 \text{ kg}$$

Danach erleiden die Stäbe eine größte Beanspruchung von

$$\sigma_e = \frac{X}{F_e} = \frac{5680}{20} = 284 \text{ kg/cm}_2$$

Die Einheit der Haftspannung ist

$$\tau = \frac{X}{l} = \frac{5680}{200} = 29 \text{ kg pro cm Eisenlänge.}$$

Bei einer Haftfläche von $f_e = 38$ cm² auf die Längeneinheit ergibt sich die niedrige Haftspannung des Eisens im Beton

$$\tau_e = \frac{\tau}{f_e} = \frac{29}{38} = 0{,}77 \text{ kg/cm}^2$$

Im Gegensatz hierzu liefern die bekannten Formeln, die den Beton nur auf Druck beansprucht wissen wollen, einen Maximalzug im Eisen von

$$X = 7460 \text{ kg}$$

Sodann ergeben die Formeln als größte Beanspruchung der gedrückten Faser des Betonbalkens

$$\sigma_b = 33 \text{ kg/cm}^2$$

Es ist klar, daß diese Werte nicht zutreffen, daß vielmehr die von uns ermittelten der Wirklichkeit näherkommen. Wenngleich nicht verkannt werden soll, daß ein Fehler in der eingangs besprochenen Annahme gleicher Dehnung für Zug und Druck liegt. Genau genommen, wird die Zugzone des Betonbalkens sich nicht ganz mit dem ermittelten Wert an dem Spannungszustand beteiligen, woraus folgt, daß die Druckzone mehr aufnimmt und das Eisen einen etwas größeren Zug erhält.

Bei dem vorliegenden Fall, wo die Beanspruchung der Zugzone allerdings die Zugfestigkeit des Betons zu übersteigen scheint, ist die Möglichkeit des Zerreissens der äußersten Faser gegeben. Die Deformation kann ganz unscheinbar sein, sie verändert aber sofort den Spannungszustand des Balkens und des Eisens. Wollte man Genaues darüber aufstellen, dann müßte schon eine vollkommene Spalte von bestimmter Tiefe erkannt werden. Dies ist aber nicht möglich, weil die Deformation neben anderen Ursachen auch von der Erschütterung der Masse entwickelt wird.

Um ein Zerreissen der Zugzone zu vermeiden, ist es notwendig oder doch zu empfehlen, die Eisenarmierung unseres Balkens zu verstärken. Wählen wir statt 20 cm² einen Querschnitt von $F_e = 40$ cm², dann berechnen sich folgende Beanspruchungen

$$\sigma_o = 9{,}8 \text{ kg/cm}^2 \text{ Zug}$$
$$\sigma_u = 25{,}4 \text{ kg/cm}^2 \text{ Druck.}$$

Doch dürfte selbst bei der ersten Armierung mit $F_e =$ 20 cm² der Träger genügende Sicherheit an den Tag legen, und zwar aus dem Grunde, weil die Haftspannung längst nicht die zulässige Grenze erreicht. Wir können versuchen, den Eisenzug bzw. die Haftspannung durch einen Eingriff in die Formel für $\mathfrak{N}$ auf den denkbar größten Wert zu treiben. Ergeben sich dabei noch zulässige Zahlen, dann kann der Balken unbedenklich der Belastung unterworfen werden. Wir nehmen an, die Betonmasse sei vollkommen elastisch, oder, was zu demselben Ergebnis führt, die Eiseneinlage sei vollkommen unelastisch. Dann geht die Formel über in

$$\mathfrak{N} = \frac{s}{s^2 + \frac{J_b}{F_b}}$$

und es wird

$$\mathfrak{N} = \frac{15}{15^2 + \frac{97200}{900}} = \frac{15}{225 + 108} = \frac{15}{333} = 0{,}04505$$

Der größte Eisenzug berechnet sich sodann zu

$$X = M \cdot \mathfrak{N} = 1000 \cdot 200 \cdot 0{,}04505 = 9010 \text{ kg}$$

wonach die größte Beanspruchung des Eisens beträgt

$$\sigma_e = \frac{X}{F_e} = \frac{9010}{20} = 450 \text{ kg/cm}^2$$

Ferner ergibt sich als größte Einheit der Haftspannung
$\tau = Q \cdot \mathfrak{N} = 1000 \cdot 0{,}04505 = 45{,}0$ kg pro cm Länge.

Und schließlich ermitteln wir die größte Haftspannung des Eisens im Beton zu

$$\tau_e = \frac{\tau}{f_e} = \frac{45}{38} = 1{,}18 \text{ kg/cm}^2$$

Der Wert ist sehr gering und bejaht unsere Auffassung hinsichtlich der Festigkeit des Balkens.

Hieran anschließend sei bemerkt, daß mit zunehmender Eisenstärke die Nullinie immer mehr nach oben rückt und daß schließlich bei einem unendlich großen Eisenquerschnitt die Zugspannung im Beton ganz verschwindet.

Ein praktisch durchführbares Mittel, um die Zugspannung im Beton zu vermindern, besteht darin, daß man die Eisenlage durch eine Zugpresse vorher anspannt oder sonstwie längt und dann einbetoniert. Geben wir dem Eisen etwa die herausgerechnete Spannung X, dann dürfte nach Erhärten des Betons bei der Belastung sich ungefähr der günstigste Zustand (keine Zugspannung im Beton) einstellen (Fig. 16a).

Die Frage der vorherigen Anspannung oder Dehnung der Eiseneinlage erscheint geeignet, die Verbundpraxis einen Schritt weiter zu führen.

Die Gleichung 8 kann auch angewendet werden, wenn der Balken nach Fig. 17 von mehreren Lasten angegriffen wird. Der größte Zug der Eisenlage an der Einspannstelle des Balkens ist dann

$$X = M_{\max} \cdot \mathfrak{N} = M_{\max} \cdot \frac{s}{s^2 + \frac{J_b}{F_b} + \frac{J_b \cdot E_b}{F_e \cdot E_e}} \quad . \quad . \quad (9)$$

wo $M_{\max}$ sich zusammensetzt aus

$$M_{\max} = P' \cdot l' + P'' \cdot l'' + P''' \cdot l'''$$

Danach betragen die größten Balkenbeanspruchungen wieder

$$\frac{\sigma_o}{\sigma_u} = \frac{M_{\max} - X \cdot s}{W_b} \mp \frac{X}{F_b} \quad . \quad . \quad . \quad . \quad . \quad (10)$$

Die Haftspannung bzw. die Einheit derselben wird am größten für die Strecke zwischen der Last P''' und der Einspannung des Balkens. Schreiben wir die Wirkung der Einzellasten getrennt, dann folgt als Einheit der größten Haftspannung für diese Strecke

$$\tau_{max} = \frac{X'}{l'} + \frac{X''}{l''} + \frac{X'''}{l'''} = (P' + P'' + P''') \cdot \mathfrak{N}$$

oder allgemein für eine Lastenreihe

$$\tau_{max} = \Sigma P \cdot \mathfrak{N} \quad . \quad . \quad . \quad . \quad . \quad . \quad . \quad (11)$$

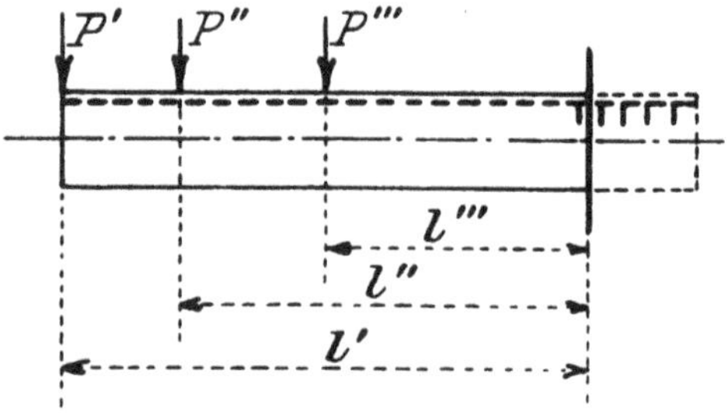

Fig. 17.

Schließlich kann die Belastung des Balkens eine gleichmäßige sein; sie sei p pro Längeneinheit. Die gesamten an der Einspannung gehäuften Haftkräfte (Zug im Eisen) ergeben sich zu

$$X = M_{max} \cdot \mathfrak{N} = \frac{pl^2}{2} \cdot \mathfrak{N}$$

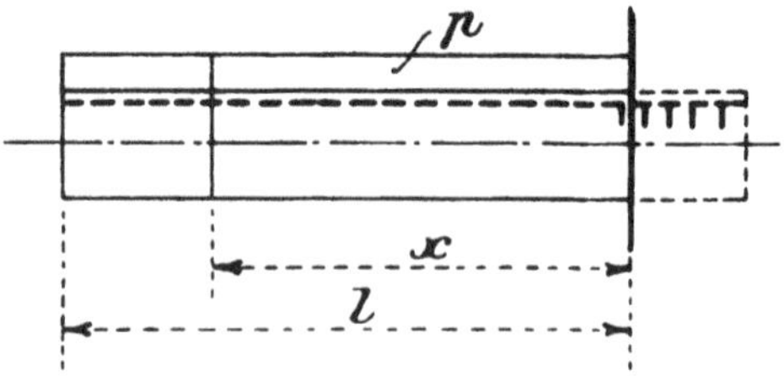

Fig. 18.

Die Beanspruchungen des Betonbalkens sind wie oben

$$\frac{\sigma_o}{\sigma_u} = \frac{M_{max} - X \cdot s}{W_b} \mp \frac{X}{F_b}$$

Die Einheit der größten Haftspannung ist

$$\tau_{max} = \Sigma P \cdot \mathfrak{N} = p \cdot l \cdot \mathfrak{N}$$

Der Zug im Eisen an einer beliebigen Stelle im Abstande X von der Einspannstelle beträgt

$$X' = M_x \cdot \mathfrak{N} = \frac{p(l-x)^2}{2} \cdot \mathfrak{N}$$

Hieraus erhellt, daß die Einheit der Haftspannung für jede Stelle eine andere ist; die Intensität derselben nimmt vom Ende des Balkens nach der Einspannung hin zu, und zwar gleichmäßig. Es ist dies die Bedingung dafür, daß die Parabelfunktion des Wertes X' zustande kommt. Die Einheit der Haftspannung für die Stelle x ist

$$\tau_x = p(l-x) \cdot \mathfrak{N}$$

Als wichtiges Ergebnis unserer Untersuchungen lassen sich schon jetzt zwei Sätze aufstellen:

1. Die Einheiten der Haftspannungen verlaufen wie die Querkräfte des Balkens:

$$\tau = Q \cdot \mathfrak{N} \quad . \; . \; . \; . \; . \; . \; . \; . \quad (12)$$

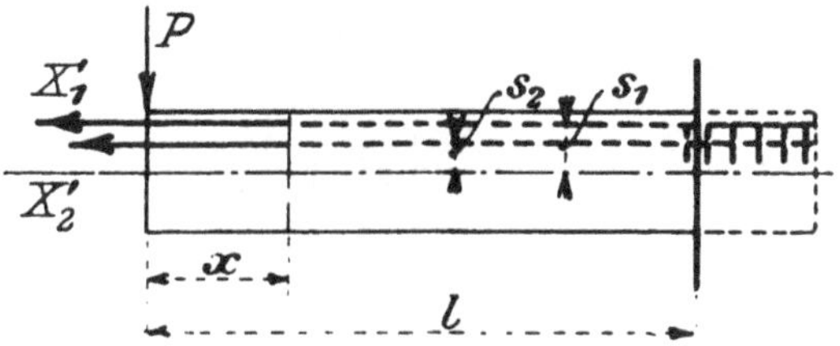

Fig. 19.

2. Die Anhäufung der Einheiten der Haftspannungen (Zug im Eisen) figuriert nach den Momenten:

$$X' = M \cdot \mathfrak{N} \quad . \; . \; . \; . \; . \; . \; . \; . \quad (13)$$

wo $\mathfrak{N}$ einen von Q und M unabhängigen Bruchfaktor bedeutet.

Diese Sätze erfahren später eine Erweiterung und gelten zunächst nur für gewöhnliche Balken mit senkrechten Lasten.

Unser Verfahren führt auch zur Lösung eines in der Zugzone durch zwei übereinanderliegende Eisenlagen armierten Balkens (Fig. 19). Zu ermitteln sind die Eisenzüge an der Einspannstelle, nämlich X_1 der oberen und X_2 der unteren Lage. Die übrigen Bezeichnungen sind in der Figur angegeben.

Die obere Eiseneinlage.

$$N = X'_1 = X_1 \cdot \frac{x}{l}$$

Nach früherem war

$$\int \frac{N}{FE} \cdot \frac{\partial N}{\partial X_1} \cdot dx = \frac{X_1 \cdot l}{3\, F_e' \cdot E_e}$$

Die untere Eiseneinlage.

$$\int \frac{N}{FE} \cdot \frac{\partial N}{\partial X_2} \cdot dx = \frac{X_2 \cdot l}{3\, F_e'' \cdot E_e}$$

Der Balken.

$$M_x = P \cdot x - X_1 \cdot \frac{x}{l} \cdot s_1 - X_2 \cdot \frac{x}{l} \cdot s_2$$

$$\frac{\partial M_x}{\partial X_1} = -\frac{x}{l} \cdot s_1 \qquad \frac{\partial M_x}{\partial X_2} = -\frac{x}{l} \cdot s_2$$

nach X_1)

$$\int \frac{M_x}{JE} \cdot \frac{\partial M_x}{\partial X_1} \cdot dx = \frac{1}{J_b E_b} \int_0^l \left\{ -P \cdot \frac{x^2}{l} \cdot s_1 + X^1 \cdot \frac{x^2}{l^2} \cdot s_1^2 + X_2 \cdot \frac{x^2}{l^2} \cdot s_1 \cdot s_2 \right\} dx$$

$$= -\frac{P \cdot l^2 \cdot s_1}{3 J_b E_b} + \frac{X_1 \cdot l \cdot s_1^2}{3 J_b E_b} + \frac{X_2 \cdot l \cdot s_1 \cdot s_2}{3 J_b E_b}$$

nach X_2)

$$\int \frac{M_x}{JE} \cdot \frac{\partial M_x}{\partial X_2} \cdot dx = \frac{1}{J_b E_b} \int_0^l \left\{ -P \cdot \frac{x^2}{l} \cdot s_2 + X_1 \cdot \frac{x^2}{l^2} \cdot s_1 \cdot s_2 + X^2 \cdot \frac{x^2}{l^2} \cdot s_2^2 \cdot \right\} dx$$

$$= -\frac{P \cdot l^2 \cdot s_2}{3 J_b E_b} + \frac{X_1 \cdot l \cdot s_1 \cdot s_2}{3 J_b E_b} + \frac{X_2 \cdot l \cdot s_2^2}{3 J_b E_b}$$

$$N = X_1 \cdot \frac{x}{l} + X_2 \cdot \frac{x}{l} \qquad \frac{\partial N}{\partial X_1} = \frac{x}{l} \qquad \frac{\partial N}{\partial X_2} = \frac{x}{l}$$

nach X_1)

$$\int \frac{N}{FE} \cdot \frac{\partial N}{\partial X_1} \cdot dx = \frac{1}{F_b E_b} \int_0^l \left\{ X_1 \cdot \frac{x^2}{l^2} + X_2 \cdot \frac{x^2}{l^2} \right\} dx$$

$$= \frac{X_1 \cdot l}{3\, F_b E_b} + \frac{X_2 \cdot l}{3\, F_b E_b}$$

nach X_2)

$$\int \frac{N}{FE} \cdot \frac{\partial N}{\partial X_2} \cdot dx = \frac{X_1 \cdot l}{3\, F_b E_b} + \frac{X_2 \cdot l}{3\, F_b E_b}$$

Es muß sein

$$\Sigma \text{ Formänderungsarbeit} = 0$$

nach X_1)

$$\frac{X_1 \cdot l \cdot s_1^2}{3 J_b E_b} + \frac{X_1 \cdot l}{3 F_b E_b} + \frac{X_1 \cdot l}{3 F_e' E_e} + \frac{X_2 \cdot l \cdot s_1 \cdot s_2}{3 J_b E_b} + \frac{X_2 \cdot l}{3 F_b E_b} - \frac{P \cdot l^2 \cdot s_1}{3 J_b E_b} = 0$$

nach X_2)

$$\frac{X_1 \cdot l \cdot s_1 \cdot s_2}{3 J_b E_b} + \frac{X_1 \cdot l}{3 F_b E_b} + \frac{X_2 \cdot l}{3 F_e'' E_e} + \frac{X_2 \cdot l \cdot s_2^2}{3 J_b E_b} + \frac{X_2 \cdot l}{3 F_b E_b} - \frac{P \cdot l^2 \cdot s_2}{3 J_b E_b} = 0$$

oder

$$X_1 \cdot \left(s_1^2 + \frac{J_b}{F_b} + \frac{J_b \cdot E_b}{F_e' \cdot E_e}\right) + X_2 \left(s_1 \cdot s_2 + \frac{J_b}{F_b}\right) = P \cdot l \cdot s_1 \quad . \; . \; . \quad (14)$$

$$X_2 \cdot \left(s_2^2 + \frac{J_b}{F_b} + \frac{J_b \cdot E_b}{F_e'' \cdot E_e}\right) + X_1 \left(s_1 \cdot s_2 + \frac{J_b}{F_b}\right) = P \cdot l \cdot s_2 \quad . \; . \; . \quad (14a)$$

Die allgemeine Auflösung dieser beiden Gleichungen nach X_1 und X_2 führt zu unbeholfenen Ausdrücken, weshalb man besser die Zahlenwerte eines zur Aufgabe gestellten Falles einsetzt.

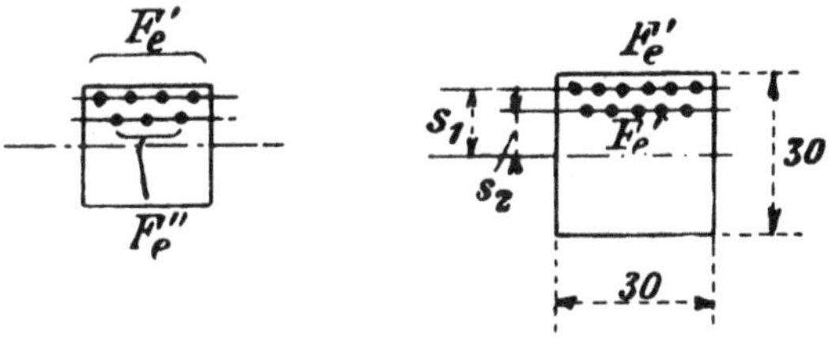

Fig. 20.

3. Zahlenbeispiel.

Art und Belastung des Balkens wie Zahlenbeispiel 2, nur mit doppelter Eisenarmierung (Fig. 20).

$$P = 1000 \text{ kg} \qquad l = 200 \text{ cm}$$

$$J_b = 67400 \text{ cm}^4 \qquad W_b = 4500 \text{ cm}^3 \qquad F_b = 900 \text{ cm}^2$$

$$F_e' = 40 \text{ cm}^2 \qquad F_e'' = 20 \text{ cm}^2 \qquad s_1 = 12 \text{ cm} \qquad s_2 = 8 \text{ cm}$$

$$n = \frac{E_b}{E_e} = \frac{1}{25}$$

$$X_1 \left(12^2 + \frac{67400}{900} + \frac{67400 \cdot 1}{40 \cdot 25}\right) + X_2 \left(12 \cdot 8 + \frac{67400}{900}\right) = 1000 \cdot 200 \cdot 12 \quad (14)$$

$$X_2 \left(8^2 + \frac{67400}{900} + \frac{67400 \cdot 1}{20 \cdot 25}\right) + X_1 \left(12 \cdot 8 + \frac{67400}{900}\right) = 1000 \cdot 200 \cdot 8 \quad (14a)$$

$$X_1 \cdot 286 + X_2 \cdot 171 = 2400000$$
$$X_1 \cdot 171 + X_2 \cdot 274 = 1600000$$

$$X_1 \cdot 458 + X_2 \cdot 274 = 3844800$$
$$X_1 \cdot 171 + X_2 \cdot 274 = 1600000$$

durch Subtraktion

$$X_1 \cdot 287 = 2244800$$

oder

$$X_1 = \frac{2244800}{287} = 7822 \text{ kg}$$

und

$$X_2 = \frac{262438}{274} = 958 \text{ kg}$$

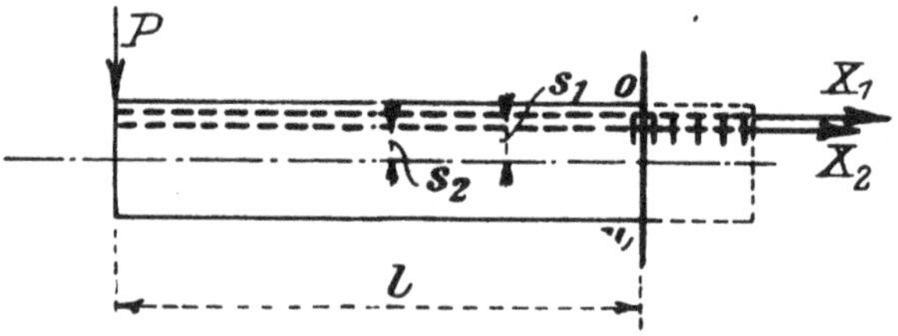

Fig. 21.

Das größte Balkenmoment an der Einspannstelle beträgt

$$M^o = P \cdot l - X_1 \cdot s_1 - X_2 \cdot s_2$$
$$= 1000 \cdot 200 - 7822 \cdot 12 - 958 \cdot 8 = 98472 \text{ cmkg}.$$

Die Beanspruchung der oberen Faser des Betonbalkens berechnet sich zu

$$\sigma_o = \frac{M^o}{W_b} - \frac{X_1 + X_2}{F_b}$$
$$= \frac{98472}{4500} - \frac{7822 + 958}{900} = 21{,}9 - 9{,}8 = 12{,}10 \text{ kg/cm}^2 \text{ Zug.}$$

Die untere Faser erleidet

$$\sigma_u = \frac{M^o}{W_b} + \frac{X_1 + X_2}{F_b} = 21{,}9 + 9{,}8 = 31{,}7 \text{ kg/cm}^2 \text{ Druck.}$$

In ähnlicher Weise behandeln wir den Balken, wenn er nach Fig. 22 mit einer Eisenlage in der Zugzone, wie auch in der Druckzone versehen ist. Die Querschnitte der oberen und unteren Armierung seien gleich groß und liegen in denselben Abständen s von der Schwerlinie des Balkens. Die übrigen Bezeichnungen sind wie früher.

Bei diesem Fall findet außer der Zuginanspruchnahme des oberen Eisens eine Druckbeanspruchung des unteren statt. Im übrigen gelten hier dieselben Leitsätze wie bisher. Die Einheit der Haftspannung ist

$$\tau = \frac{X}{l}$$

und für eine beliebige Stelle im Abstande x vom Ende besteht der Haftschub

$$X' = X \cdot \frac{x}{l}$$

Zug und Druck der beiden Eisenlagen sind einander gleich.

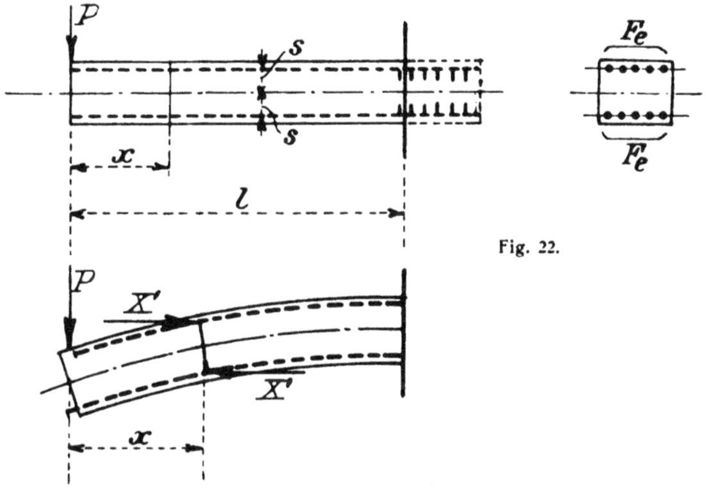

Fig. 22.

Die obere Eiseneinlage:

$$N = X' = X \cdot \frac{x}{l}$$

$$\int_e \frac{N}{FE} \cdot \frac{\partial N}{\partial X} \cdot d_x = \frac{X \cdot l}{3 F_e E_e}$$

Für beide Eisenlagen:

$$\frac{2 \cdot X \cdot l}{3 F_e \cdot E_e}$$

Der Balken:

$$M_x = P \cdot x - 2X \cdot \frac{x}{l} \cdot s \qquad \frac{\partial M_x}{\partial X} = -2 \cdot \frac{x}{l} \cdot s$$

$$\int \frac{M_x}{JE} \cdot \frac{\partial M_x}{\partial X} \cdot dx = \frac{1}{J_b E_b} \int_0^l \left\{ -2 \cdot P \cdot \frac{x^2}{l} \cdot s + 4X \cdot \frac{x^2}{l^2} \cdot s^2 \right\} dx$$

$$= -\frac{2 \cdot P \cdot l^2 \cdot s}{3 J_b E_b} + \frac{4 \cdot X \cdot l \cdot s^2}{3 J_b E_b}$$

Die Arbeiten aus den beiden entgegengesetzt gerichteten Normalkräften werden zu Null.

Es muß sein

$$\Sigma \text{ Formänderungsarbeit} = 0$$

$$\frac{4 \cdot X \cdot l \cdot s^2}{3 J_b E_b} + \frac{2X \cdot l}{3 F_e E_e} - \frac{2 \cdot P \cdot l^2 \cdot s}{3 J_b E_b} = 0$$

Hieraus

$$X = P \cdot l \cdot \frac{s}{2 \cdot s^2 + \frac{J_b \cdot E_b}{F_e \cdot E_e}} = M_{\max} \cdot \mathfrak{N} \quad . \quad . \quad . \quad (15)$$

4. Zahlenbeispiel.

Dieselben Verhältnisse wie bei dem vorhergehenden Zahlenbeispiel.

$$P = 1000 \text{ kg} \qquad l = 200 \text{ cm}$$

$$J_b = 67400 \text{ cm}^4 \qquad W_b = 4500 \text{ cm}^3 \qquad F_b = 900 \text{ cm}^2$$

$$F_e \text{ unten} = F_e \text{ oben} = 30 \text{ cm}^2 \qquad s = 12 \text{ cm}$$

$$n = \frac{E_b}{E_e} = \frac{1}{25}$$

$$X = 1000 \cdot 200 \cdot \frac{12}{2 \cdot 12^2 + \frac{67400 \cdot 1}{30 \cdot 25}} = 6350 \text{ kg}$$

Die Zuginanspruchnahme der oberen Faser des Betonbalkens an der Einspannstelle ist

$$\sigma_o = \frac{M^o}{W_b} = \frac{P \cdot l - 2 \cdot X \cdot s}{W_b}$$

$$= \frac{1000 \cdot 200 - 2 \cdot 6350 \cdot 12}{4500} = 10{,}6 \text{ kg/cm}^2 \text{ Zug}$$

Die Druckinanspruchnahme der unteren Faser ist ebenso groß.

Wir wenden uns jetzt dem praktisch bedeutsameren Balken auf zwei Stützen zu. Die Eiseneinlage befindet sich nur in der Zugzone (Fig. 23). Es sei ein Träger mit einer Einzellast P in der Mitte zur Aufgabe gestellt.

Nach unserem Satz 2, wonach die Anhäufung der Haftspannungen (Zug im Eisen) nach den Momenten figuriert, ergibt sich die größte Eisenspannkraft in der Balkenmitte zu

$$X = M_{\max} \cdot \mathfrak{N}$$

Für den speziellen Fall einer einseitigen Bewehrung liefert die Gleichung 8 den Bruchfaktor $\mathfrak{N}$. Danach ist

$$X = \frac{P \cdot l}{4} \cdot \frac{s}{s^2 + \frac{J_b}{F_b} + \frac{J_b \cdot E_b}{F_e \cdot E_e}} \quad . \quad . \quad . \quad . \quad (16)$$

Die Einheit τ der Haftspannung ist nach Satz 1 Gleichung 12

$$\tau = Q \cdot \mathfrak{N}$$

somit

$$\tau = \frac{P}{2} \cdot \mathfrak{N} = \frac{P}{2} \cdot \frac{s}{s^2 + \frac{J_b}{F_b} + \frac{J_b \cdot E_b}{F_e \cdot E_e}} \quad . \quad . \quad . \quad (17)$$

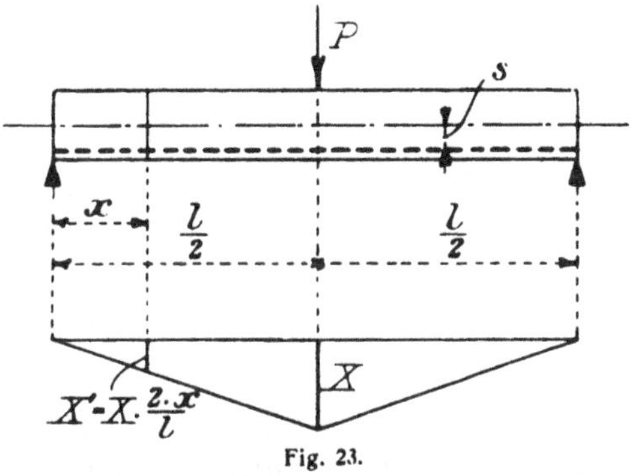

Fig. 23.

Die Einheit der Haftspannung ist für jede Stelle des Trägers dieselbe. Die Summe der Einheitsspannungen vom linken Auflager bis zur Mitte bzw. vom rechten Auflager bis zur Mitte stellt den größten Zug im Eisen unter der Lastangriffsstelle dar.

Das Balkenmoment für einen Querschnitt im Abstande x vom Ende ermittelt sich zu

$$M_x^o = \frac{P}{2} \cdot x - X \cdot \frac{2x}{l} \cdot s$$

In der Mitte besteht

$$M_{\max}^o = \frac{P \cdot l}{4} - X \cdot s$$

oder

$$M^o_{\max} = \frac{P \cdot l}{4} - \frac{P \cdot l}{4} \cdot s \cdot \mathfrak{N} = \frac{P \cdot l}{4}(1 - \mathfrak{N} \cdot s)$$

$$= \frac{P \cdot l}{4}\left(1 - \frac{s^2}{s^2 + \frac{J_b}{F_b} + \frac{J_b \cdot E_b}{F_e \cdot E_e}}\right)$$

Wie bei dem einseitig eingespannten Balken hätte auch hier ein Umbiegen der Eisenlage bzw. eine konzentrierte Befestigung an den Balkenenden keinen Zweck, weil, wie schon früher festgestellt, die Wirkung aus der Endbefestigung von der Wirkung aus der Längshaftung überholt wird. Natürlich gilt dieses nur solange, als keine Deformation des Betons eintritt.

Im Gegensatz zu den üblichen Auffassungen darf betont werden, daß die Einheiten der Haftspannung des Eisens im Beton verschwindend gering sind, woraus hervorgeht, daß irgendwelche Verklammerungen und Einzackungen, wie sie vielfach ausgeführt werden, nicht die ihnen zugeschriebene Bedeutung haben. Wohl spricht für ihre Anordnung der Umstand, daß sie geeignet sind, die Betonmasse zusammenzuhalten und sie zu zwingen, den ihr in unserer Rechnung vorgeschriebenen Spannungsgesetzen Folge zu leisten.

Besteht nach Fig. 24 die Armierung unseres Trägers aus einer Eisenlage sowohl in der Druck- als auch in der Zugzone, so gilt ohne weiteres wieder für den größten Eisenzug bzw. Eisendruck in der Balkenmitte

$$X = M_{\max} \cdot \mathfrak{N}$$

wo für $\mathfrak{N}$ der Bruchfaktor der Gleichung 15 einzusetzen ist.

$$X = \frac{P \cdot l}{4} \cdot \frac{s}{2s^2 + \frac{J_b \cdot E_b}{F_e \cdot E_e}} \quad . \; . \; . \; . \; . \quad (17)$$

Die Einheit der Haftspannung für jeden cm Eisenlänge beträgt

$$\tau = Q \cdot \mathfrak{N} = \frac{P}{2} \cdot \frac{s}{2s^2 + \frac{J_b \cdot E_b}{F_e \cdot E_e}} \quad . \; . \; . \quad (18)$$

Das Balkenmoment in der Mitte ergibt sich zu

$$M^o_{max} = \frac{P \cdot l}{4} - 2X \cdot s$$

Bei dem Beispiel der Fig. 19 wurde die Wirkung einer doppelten Eiseneinlage F_e' und F_e'' nur in der Zugzone untersucht. Auf den vorliegenden Träger angewendet, schreiben sich die beiden Gleichungen für die größten Eisenzüge einfach

$$X_1 \cdot \mathfrak{N}' + X_2 \cdot \mathfrak{N} = M_{max} \cdot s_1 = \frac{P \cdot l}{4} \cdot s_1 \quad . \quad . \quad . \quad . \quad . \quad (19)$$

$$X_2 \cdot \mathfrak{N}'' + X_1 \cdot \overline{\mathfrak{N}} = M_{max} \cdot s_2 = \frac{P \cdot l}{4} \cdot s_2 \quad . \quad . \quad . \quad . \quad . \quad (20)$$

oder ausführlich

$$X_1 \left(s_1^2 + \frac{J_b}{F_b} + \frac{J_b \cdot E_b}{F_e' \cdot E_e}\right) + X_2 \left(s_1 \cdot s_2 + \frac{J_b}{F_b}\right) = \frac{P \cdot l}{4} \cdot s_1 \quad . \quad . \quad . \quad (19)$$

$$X_2 \left(s_1^2 + \frac{J_b}{F_b} + \frac{J_b \cdot E_b}{F_e'' \cdot E_e}\right) + X_1 \left(s_1 \cdot s_2 + \frac{J_b}{F_b}\right) = \frac{P \cdot l}{4} \cdot s_2 \quad . \quad . \quad . \quad (20)$$

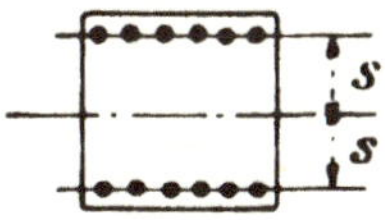

Fig. 24.

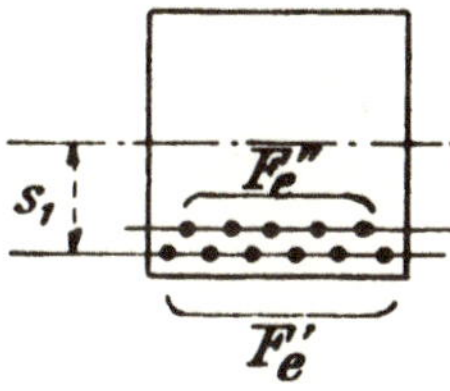

Fig. 25.

Wie bereits gezeigt, lassen sich die Unbekannten nach Einführung der Zahlenwerte leicht ermitteln.

Das Moment des Balkens in der Mitte beträgt

$$M^o_{max} = \frac{P \cdot l}{4} - X_1 \cdot s_1 - X_2 \cdot s_2$$

Die Einheit der Haftspannung der ersten Eiseneinlage hat den Wert

$$\tau = \frac{X_1}{\frac{l}{2}} = \frac{2 \cdot X_1}{l}$$

die der zweiten Eiseneinlage

$$\tau = \frac{2 X_2}{l}$$

Es entsteht die Frage, wie verhält sich der Eisenzug bzw. die Haftspannung, wenn die Last P wandert. Die Antwort geben die allgemeinen Gleichungen 12 und 13.

$$X = M_{\max} \cdot \mathfrak{N}$$

und

$$\tau = Q \cdot \mathfrak{N}$$

Für eine beliebige Stelle der Last im Abstande x vom Auflager A (Fig. 26) beträgt das Moment

$$M_x = \frac{P(l-x) \cdot x}{l}$$

Infolgedessen berechnet sich die unter der Lastangriffsstelle bestehende Anhäufung der Einheiten der Haftspannung zu

$$X = \frac{P \cdot (l-x) \cdot x}{l} \cdot \mathfrak{N} \quad . \quad . \quad . \quad . \quad . \quad (21)$$

Diese Anhäufung summiert sich aus den Einheiten der Haftspannung vom linken Auflager bis zur Last. Dasselbe

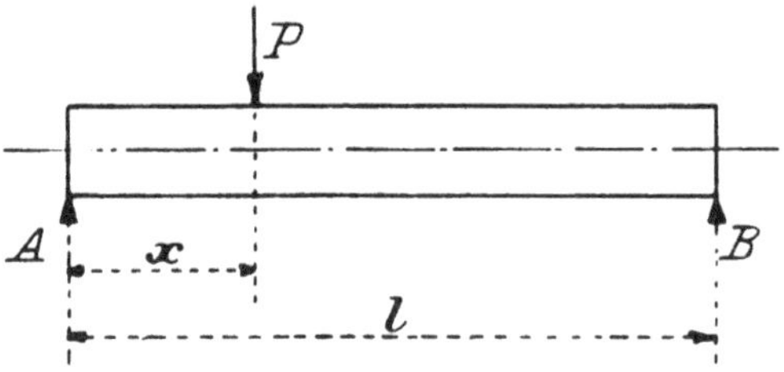

Fig. 26.

gilt für die rechte Balkenseite. Die Anhäufung (Spannkraft des Eisens) nimmt ab, je näher die Last dem Auflager kommt. Steht sie über dem Auflager, dann wird $X = 0$

Die Einheit der Haftspannung war allgemein

$$\tau = Q \cdot \mathfrak{N}$$

Für den Balkenteil vom linken Auflager bis zur Last ist

$$\tau_a = \frac{P(l-x)}{l} \cdot \mathfrak{N} \quad . \quad . \quad . \quad . \quad . \quad . \quad . \quad (22)$$

Für den Balkenteil rechts

$$\tau_b = \frac{P \cdot x}{l} \cdot \mathfrak{N} \quad . \quad . \quad . \quad . \quad . \quad . \quad . \quad . \quad (23)$$

Hieraus folgt, daß die größte Einheit der Haftspannung am Trägerende besteht, wenn die Last gerade über das Auflager tritt.

$$\tau_{\max} = P \cdot \mathfrak{N} \quad . \quad . \quad . \quad . \quad . \quad . \quad . \quad . \quad (24)$$

5. Zahlenbeispiel. Siehe Fig. 27.

$$P = 2500\,\text{kg} \qquad l = 400\,\text{cm}$$

$$J_b = 106667\,\text{cm}^4 \qquad W_b = 5334\,\text{cm}^3 \qquad F_b = 800\,\text{cm}^2$$

$$F_e = 38\,\text{cm}^2 \qquad s = 18\,\text{cm}$$

$$\frac{E_b}{E_e} = \frac{1}{25}$$

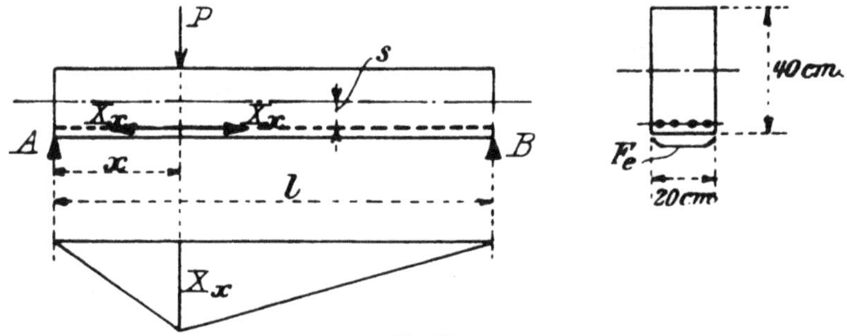

Fig. 27.

Der größte Zug im Eisen findet statt, wenn die wandernde Last in der Mitte des Trägers steht.

$$X = M_{\max} \cdot \mathfrak{N}$$

Der Bruchfaktor war nach Gleichung 8

$$\mathfrak{N} = \frac{s}{s^2 + \frac{J_b}{F_b} + \frac{J_b \cdot E_b}{F_e \cdot E_e}}$$

Die Zahlenwerte liefern

$$\mathfrak{N} = \frac{18}{18^2 + \frac{106667}{800} + \frac{106667 \cdot 1}{38 \cdot 25}}$$

$$= \frac{18}{324 + 133{,}34 + 112{,}3} = \frac{18}{569{,}64} = 0{,}0316$$

Sodann ist

$$M_{\max} = \frac{P \cdot l}{4} = \frac{2500 \cdot 400}{4} = 250000\,\text{cmkg}$$

Es ergibt sich

$$X = 250000 \cdot 0{,}0316 = 7900\,\text{kg}$$

Nun beträgt das Maximalmoment des Betonbalkens in der Mitte

$$M^0_{\max} = \frac{P \cdot l}{4} - X \cdot s$$

$$= 250000 - 7900 \cdot 18 = 250000 - 142200 = 107800\,\text{cmkg}$$

Die Materialbeanspruchungen sind folgende:
Untere Faser

$$\sigma_o = \frac{M^o_{\max}}{W_b} - \frac{X}{F_b}$$

$$= \frac{107800}{5334} - \frac{7900}{800} = 20{,}25 - 9{,}9 = 10{,}35 \text{ kg/cm}^2 \text{ Zug}$$

Obere Faser

$$\sigma_u = \frac{M^o_{\max}}{W_b} + \frac{X}{F_b} = 20{,}25 + 9{,}9 = 30{,}15 \text{ kg/cm}^2 \text{ Druck}$$

Die Inanspruchnahme des Eisens ist

$$\sigma_e = \frac{X}{F_e} = \frac{7900}{38} = 208 \text{ kg/cm}^2$$

Die Haftfläche der Eisenlage war $f_e = 56$ cm² pro cm Länge.

Bei der Laststellung in der Mitte beträgt die Einheit der gleichmäßig verteilten Haftspannung nach Gleichung 12

$$\tau = Q \cdot \mathfrak{N} = \frac{P}{2} \cdot \mathfrak{N} = 1250 \cdot 0{,}0316 = 39{,}5 \text{ kg pro cm}$$

Die Haftspannung pro cm² der Eisenfläche berechnet sich danach zu

$$\tau_e = \frac{\tau}{f_e} = \frac{39{,}5}{56} = 0{,}71 \text{ kg/cm}^2$$

Mit der Bewegung der Last nach dem Auflager hin nimmt jedoch die Einheit τ der Haftspannung zu und erreicht den größten Wert, wenn P über der Stütze steht. Dann ist

$$\tau = Q \cdot \mathfrak{N} = P \cdot \mathfrak{N} = 2500 \cdot 0{,}0316 = 79 \text{ kg pro cm}$$

und

$$\tau_e = \frac{\tau}{f_e} = \frac{79}{56} = \backsim 1{,}41 \text{ kg/cm}^2$$

Fig. 28 zeigt einen Balken auf zwei Stützen mit der gleichmäßig verteilten Belastung p pro Längeneinheit.

Nach dem Satz 1 verlaufen die Einheiten der Haftspannungen wie die Querkräfte. Diese sind in Fig. 28a angedeutet. An einer Stelle im Abstande x vom Auflager ermitteln wir die Einheitsspannung

$$\tau_x = Q \cdot \mathfrak{N} = p \cdot \left(\frac{l}{2} - x\right) \cdot \mathfrak{N} \quad . \quad . \quad . \quad . \quad . \quad (25)$$

Die Summierung oder Anhäufung der Einheitsspannungen liefert die Parabelfunktion der Fig. 28b, die mit

$$X = M_{max} \cdot \mathfrak{R} = \frac{p \cdot l^2}{8} \cdot \mathfrak{R}$$

in der Trägermitte ihr Maximum erreicht. (Größte Eisenspannkraft.)

Der Bruchfaktor $\mathfrak{R}$ hängt wie immer von der Art der Eisenarmierung ab. Für die in Fig. 28 angenommene Bewehrung gilt für $\mathfrak{R}$ der Wert der Gleichung 8.

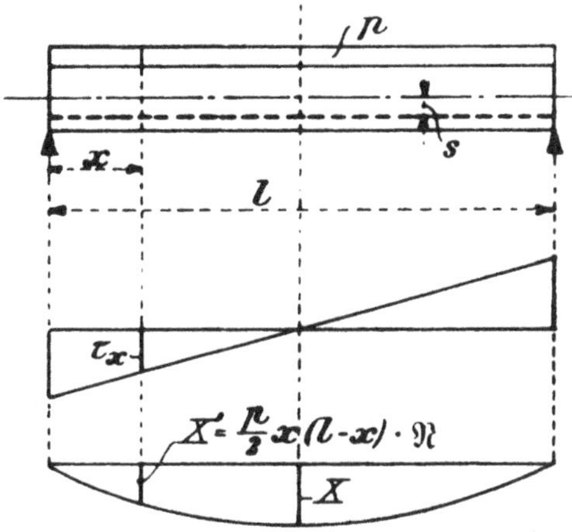

Fig. 28.

Fig. 28a.

Fig. 28b.

Das größte Moment des Balkens ist wie immer

$$M^o_{max} = M_{max} - X \cdot s = \frac{p \cdot l^2}{8} - X \cdot s = \frac{p \cdot l^2}{8} (1 - \mathfrak{R} \cdot s)$$

6. Zahlenbeispiel.

Eine 2,1 m weit gespannte Decke von 10 cm Stärke ist zu berechnen. Die Eiseneinlage F_e befindet sich nur in der Zugzone und beträgt 5 cm² auf 1 m Deckenbreite. Der Abstand der Bewehrung von der Deckenschwerachse ist $s = 3{,}5$ cm. Die gleichmäßig verteilte Belastung wird mit $P = 1240$ kg pro 1 m Deckenbreite angenommen.

Die Zahlen sind folgende bei 100 cm Deckenbreite:

$J_b = 8334 \text{ cm}^4 \qquad W_b = 1667 \text{ cm}^3 \qquad F_b = 1000 \text{ cm}^2$

$F_e = 5 \text{ cm}^2 \qquad s = 3{,}5 \text{ cm} \qquad P = 1240 \text{ kg}$

$$\frac{E_b}{E_e} = \frac{1}{25}$$

Das äußere Maximalmoment ist

$$M = \frac{P \cdot l}{8} = \frac{1240 \cdot 210}{8} = 32500 \text{ cmkg}$$

Der Bruchfaktor war nach Gleichung 8

$$\mathfrak{N} = \frac{s}{s^2 + \frac{J_b}{F_b} + \frac{J_b \cdot E_b}{F_e \cdot E_e}}$$

$$= \frac{3{,}5}{\overline{3{,}5}^2 + \frac{8334}{1000} + \frac{8334 \cdot 1}{5 \cdot 25}} = \frac{3{,}5}{12{,}25 + 8{,}34 + 6{,}67} = 0{,}1284$$

Die größte Anhäufung der Einheiten der Haftspannung (Zug im Eisen) ist

$$X = M \cdot \mathfrak{N} = 32500 \cdot 0{,}1284 = 4170 \text{ kg}$$

Danach ergibt sich eine Eisenbeanspruchung von

$$\sigma_e = \frac{X}{F_e} = \frac{4170}{5} = 834 \text{ kg/cm}^2$$

Das wahre Moment des Betonquerschnittes in der Mitte hat den Wert

$$M^o = M - X \cdot s = 32500 - 4170 \cdot 3{,}5$$
$$= 32500 - 14600 = 17900 \text{ cmkg}$$

Es ergeben sich somit folgende Betonbeanspruchungen:

Obere Faser

$$\sigma_o = \frac{M^o}{W_b} + \frac{X}{F_b} = \frac{17900}{1667} + \frac{4170}{1000}$$
$$= 10{,}7 + 4{,}2 = 14{,}9 \text{ kg/cm}^2 \text{ Druck}$$

Untere Faser

$$\sigma_u = \frac{M^o}{W_b} - \frac{X}{F_b} = 10{,}7 - 4{,}2 = 6{,}5 \text{ kg/cm}^2 \text{ Zug}$$

Die größte Einheit der Haftspannung bestimmt sich nach

$$\tau = Q \cdot \mathfrak{N} = \frac{1240}{2} \cdot 0{,}1284 = \backsim 80 \text{ kg pro cm Länge}$$

Die Eisenfläche ist bei 10 Drähten je 0,8 cm ϕ

$$f_e = 25{,}1 \text{ cm}^2$$

Somit ermittelt sich die noch niedrige Haftspannung

$$\tau_e = \frac{\tau}{f_e} = \frac{80}{25{,}1} = 3{,}18 \text{ kg/cm}^2$$

Fig. 29 stellt den Fall einer beliebigen Gruppe von Einzellasten dar. Das Querkraftdiagramm ist in Fig. 29a aufgerissen. Danach erscheinen die Einheiten der größten Haftspannung zwischen dem Auflager A und der ersten Last P_1.

$$\tau_{max} = Q \cdot \mathfrak{N} = A \cdot \mathfrak{N}$$

Die Einheiten in den übrigen Feldern sind entsprechend dem Diagramm geringer.

Die Anhäufung aller Einheitsspannungen verläuft wie die Momentenlinie Fig. 29b. Das größte Moment besteht unter der Last P_3. Infolgedessen beträgt die größte Eisenspannung

$$X = M_{max} \cdot \mathfrak{N}$$

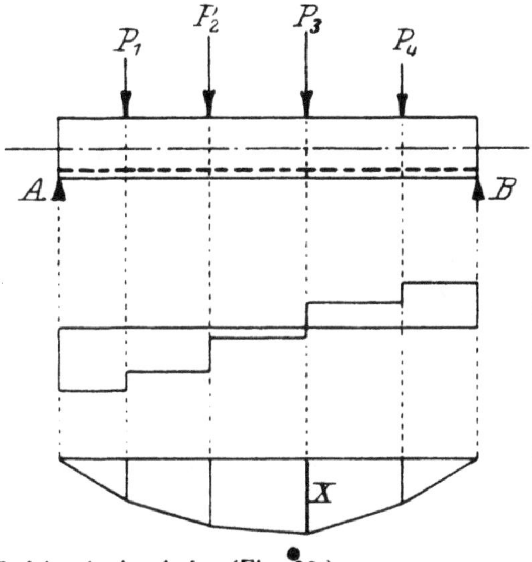

Fig. 29.

Fig. 29a.

Fig. 29b.

7. Zahlenbeispiel. (Fig. 30.)

$P_1 = 1000$ kg $\quad P_2 = 1500$ kg $\quad P_3 = 1000$ kg

$J_b = 160000$ cm^4 $\quad W_b = 8000$ cm^3 $\quad F_b = 1200$ cm^2

$F_e = 38$ cm^2 $\quad s = 18$ cm $\quad f_e = 56$ cm^2

$$\frac{E_b}{E_e} = \frac{1}{25}$$

Der Bruchfaktor $\mathfrak{N}$ ist nach der Gleichung 15 zu bestimmen.

$$\mathfrak{N} = \frac{s}{2s^2 + \frac{J_b \cdot E_b}{F_e \cdot E_e}} = \frac{18}{2 \cdot 18^2 + \frac{160000 \cdot 1}{38 \cdot 25}} = 0{,}02205$$

Der Auflagerdruck A berechnet sich zu

$$A = 1812{,}5 \text{ kg}$$

Das größte Moment unter der Last P_2 beträgt

$$M_{max} = 262500 \text{ cmkg}$$

Der größte Zug im Eisen an dieser Stelle hat den Wert

$$X = M_{max} \cdot \mathfrak{N}$$

Danach besteht für den Betonbalken ein ungünstigstes Moment von

$$M^o_{max} = M_{max} - 2 \cdot X \cdot s$$
$$= M_{max} (1 - 2 \cdot \mathfrak{N} \cdot s)$$
$$= 262500 (1 - 2 \cdot 0{,}02205 \cdot 18) = 54100 \text{ cmkg}$$

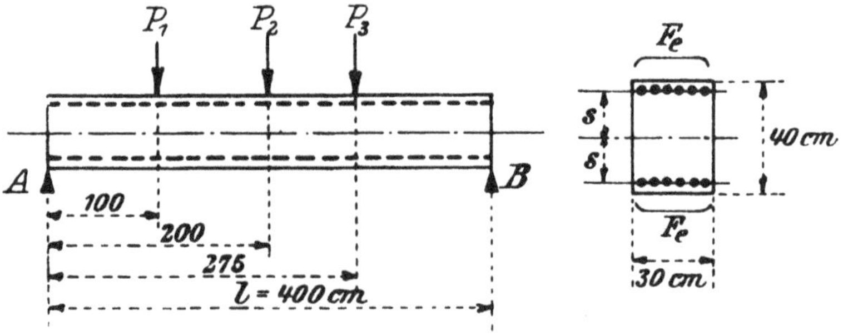

Fig. 30.

Die Beanspruchungen des Materials sind folgende

$$\left.\begin{matrix}\sigma_o \\ \sigma_u\end{matrix}\right\} = \frac{M^o_{max}}{W_b} = \frac{54100}{8000} = \sim 6{,}78 \text{ kg/cm}^2$$

Die Einheit der größten Haftspannung im ersten Feld links ergibt sich zu

$$\tau_{max} = Q \cdot \mathfrak{N} = A \cdot \mathfrak{N}$$
$$= 1812{,}5 \cdot 0{,}02205 = 40 \text{ kg pro cm Länge}$$

Hieraus folgt als größte Haftspannung für den cm^2 der Eisenfläche

$$\tau_e = \frac{\tau_{max}}{f_e} = \frac{40}{56} = 0{,}715 \text{ kg/cm}^2$$

Wir betrachten jetzt einen an den Enden eingespannten Balken und lassen nach Fig. 31 auf ihn das durch die Einspannung erzeugte Moment M wirken.

Wir erinnern uns des Satzes 1, wonach die Einheiten der Haftspannung nach den Querkräften figurieren. $\tau = Q \cdot \mathfrak{N}$.

Sind keine Querkräfte vorhanden, dann bestehen auch keine Haftspannungen, und diese Eigenschaft zeigt der vorliegende Träger. Die Bedingung für diesen Zustand ist jedoch, daß die Eiseneinlage an den Einspannstellen des Balkens konzentriert befestigt sein muß. Dann wird tatsächlich die Wirkung aus der Längshaftung durch die Wirkung aus der konzentrierten Endbefestigung überholt.

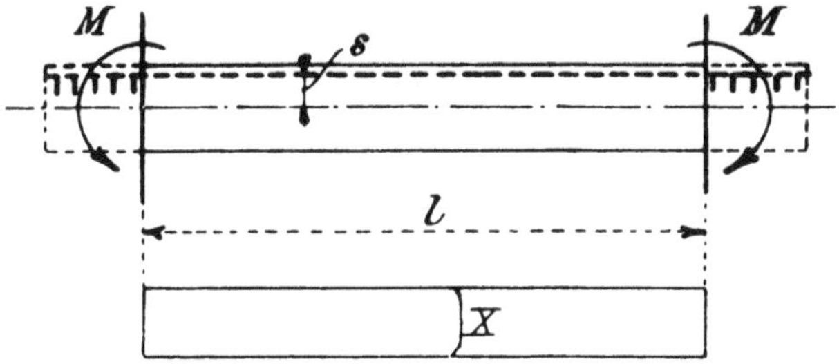

Fig. 31.

Damit nun die Sätze 1 und 2 ganz allgemeine Gültigkeit haben, ist ihnen die Bedingung voranzusetzen: Bei Trägern, auf die keine Querkräfte wirken, muß die Eisen-

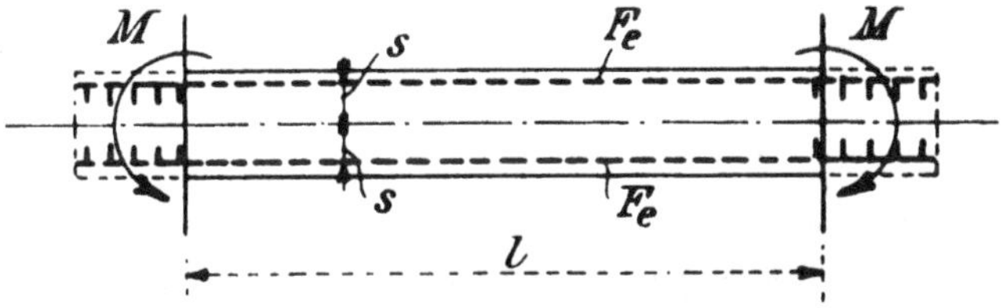

Fig. 32.

einlage außerhalb des Feldes konzentriert befestigt werden.

Wenngleich die Eisenspannkraft X für diesen Träger ohne weiteres nach früheren Gleichungen abgeschrieben werden kann, so sei seine Herleitung für die in Fig. 32 gezeigte Bewehrung doch noch einmal gezeigt. Die Eisenspannung ist unveränderlich über den ganzen Träger.

Die obere Eiseneinlage.

$$N = X$$

Der Arbeitswert ist $\frac{X \cdot l}{F_e \cdot E_e}$

Für beide Eiseneinlagen

$$\frac{2X \cdot l}{F_e \cdot E_e}$$

Der Balken

$$M_x = M - 2 \cdot X \cdot s \qquad \frac{\partial M_x}{\partial X} = -2 \cdot s$$

$$\int \frac{M_x}{J \cdot E} \cdot \frac{\partial M x}{\partial X} \cdot dx = \frac{1}{J_b \cdot E_b} \int_0^l \left\{ -M \cdot 2 \cdot s + 4 \cdot X \cdot s^2 \right\} dx$$

$$= -\frac{2M \cdot l \cdot s}{J_b \cdot E_b} + \frac{4 \cdot X \cdot l \cdot s^2}{J_b \cdot E_b}$$

Die Arbeit aus den entgegengesetzt gerichteten Normalkräften X wird zu Null.

$$\Sigma \text{ Formänderungsarbeit} = 0$$

$$\frac{4 \cdot X \cdot l \cdot s^2}{J_b \cdot E_b} + \frac{2 \cdot X \cdot l}{F_e \cdot E_e} - \frac{2M \cdot l \cdot s}{J_b \cdot E_b} = 0$$

oder

$$X = M \cdot \frac{s}{2 \cdot s^2 + \frac{J_b \cdot E_b}{F_e \cdot E_e}} = M \cdot \mathfrak{N} \quad . \quad . \quad . \quad . \quad (26)$$

Das Moment des Betonbalkens ist für jede Stelle dasselbe

$$M^o_{\max} = M - 2 \cdot X \cdot s$$
$$= M(1 - 2 \cdot \mathfrak{N} \cdot s)$$

---

8. Zahlenbeispiel. (Fig. 33.)

Beiderseitig eingespannter Balken mit der Last P in der Mitte:

$$P = 4000 \text{ kg} \qquad l = 500 \text{ cm}$$
$$J_b = 160000 \text{ cm}^4 \qquad W_b = 8000 \text{ cm}^3 \qquad F_b = 1200 \text{ cm}^2$$
$$F_e = 38 \text{ cm}^2 \qquad s = 18 \text{ cm} \qquad f_e = 56 \text{ cm}^2$$
$$\frac{E_b}{E_e} = \frac{1}{25}$$

Ohne Berücksichtigung der Einspannung besteht in der Mitte des Balkens das positive Moment

$$+\frac{P \cdot l}{4}$$

Der Verlauf der Momentenlinie wird durch das Dreieck 1—2—1' dargestellt.

Das Einspannmoment ist entgegengesetzt gerichtet und erstreckt sich unveränderlich über den ganzen Träger: Rechteck 1 — 3 — 3′ — 1. Es hat den Wert

$$-\frac{P \cdot l}{8}$$

Die tatsächlichen Momente des Balkens ergeben sich durch Vereinigung der beiden Umrisse und sind in der Fläche (Fig. 33) dargestellt.

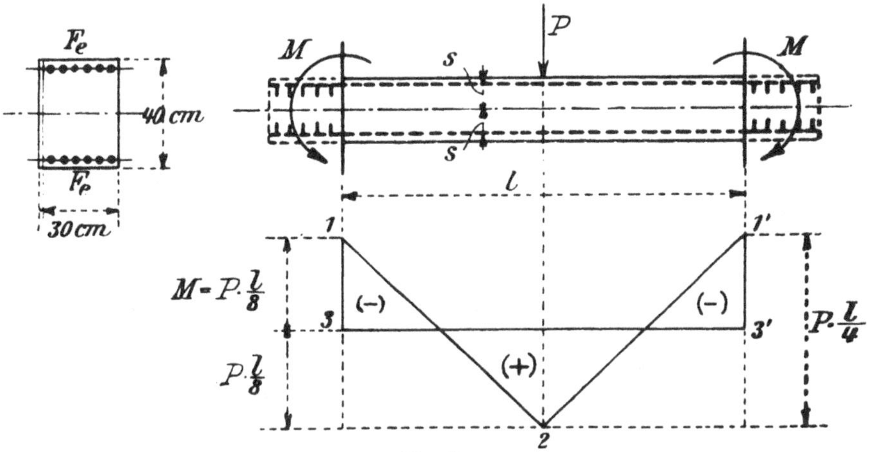

Fig. 33.

Hiernach funktionieren auch die Anhäufungen der Haftspannungen bzw. die Spannkräfte in den Eisenlagen.

Der Bruchfaktor war nach oben

$$\mathfrak{N} = \frac{s}{2 \cdot s^2 + \frac{J_b \cdot E_b}{F_e \cdot E_e}}$$

und wegen derselben Verhältnisse wie bei dem 7. Zahlenbeispiel

$$\mathfrak{N} = 0{,}02205$$

Die Zahlen ergeben weiter

$$M_{\max} = \pm \frac{P \cdot l}{8} = \pm \frac{4000 \cdot 500}{8} = \pm 250000 \text{ cmkg}$$

Es berechnet sich danach die größte Eisenspannkraft zu

$$X = \pm M_{\max} \cdot \mathfrak{N} = \pm 250000 \cdot 0{,}02205 = \pm 5510 \text{ kg}$$

Weiter ermittelt sich das wahre ungünstigste Moment des Betonbalkens zu

$$M^o_{\max} = \pm (M_{\max} - 2 \cdot X \cdot s)$$
$$= \pm M_{\max} (1 - 2 \cdot \mathfrak{R} \cdot s)$$
$$= \pm 250000 (1 - 2 \cdot 0{,}02205 \cdot 18) = \pm 51600 \text{ cmkg}$$

Die Beanspruchungen der äußersten Balkenfasern sind folgende

$$\begin{matrix} \sigma_o = + - \\ \sigma_u = - + \end{matrix} \frac{M^o_{\max}}{W_b} = \frac{51600}{8000} = 6{,}45 \text{ kg/cm}^2$$

Man erkennt, daß die Eisenlagen an den Einspannstellen oben gezogen und unten gedrückt werden; umgekehrt in der Mitte des Balkens.

Die Sätze 1 und 2 geben auch die Lösung für den in Fig. 34 dargestellten Balken mit Kragarm.

Es wird eine durchlaufende Eisenlage vorausgesetzt. Der Bruckfaktor $\mathfrak{R}$ richtet sich nach der Art der Bewehrung und wurde für die verschiedensten Fälle bereits hergeleitet.

Fig. 34a liefert die Querkraftlinie, wonach auch die Einheiten der Haftspannungen verlaufen. Die größte Haftspannung besteht im Mittelfeld zwischen dem Auflager A und der Last P_2.

$$\tau_{\max} = Q \cdot \mathfrak{R} = (A - P_1) \cdot \mathfrak{R} \quad . \quad . \quad . \quad . \quad (27)$$

Fig. 34b liefert die Momentenlinie und zugleich die Anhäufung der Haftspannungen (Eisenspannkraft) für jede Stelle des Trägers.

$$X' = M_x \cdot \mathfrak{R}$$

Die größte Anspannung (Zug in der oberen, Druck in der unteren Lage) erleiden die Stäbe über dem Auflager A mit

$$X_a = M_a \cdot \mathfrak{R} \quad . \quad . \quad . \quad . \quad . \quad . \quad . \quad . \quad (28)$$

Unter der Last P_2 wechseln die Kräfte, sie betragen

$$X_m = M_m \cdot \mathfrak{R} \quad . \quad . \quad . \quad . \quad . \quad . \quad . \quad . \quad (29)$$

Das größte Moment des Betonquerschnittes über dem Auflager A ist

$$M^o_a = M_a (1 - 2 \cdot \mathfrak{R} \cdot s)$$

Zur besseren Vorstellung des inneren Spannungszustandes ist in Fig. 34c die Biegungslinie des Balkens angedeutet. Im Wendepunkt derselben wird die Eisenspannung zu Null.

Die Pfeile geben die Richtung der Haftkräfte an; ihre Summe über dem ganzen Balken ist ebenfalls gleich Null; Gleichgewichtsbedingung; entsprechend dem Querkraftdiagramm, deren positive und negative Flächen sich gegenseitig aufheben.

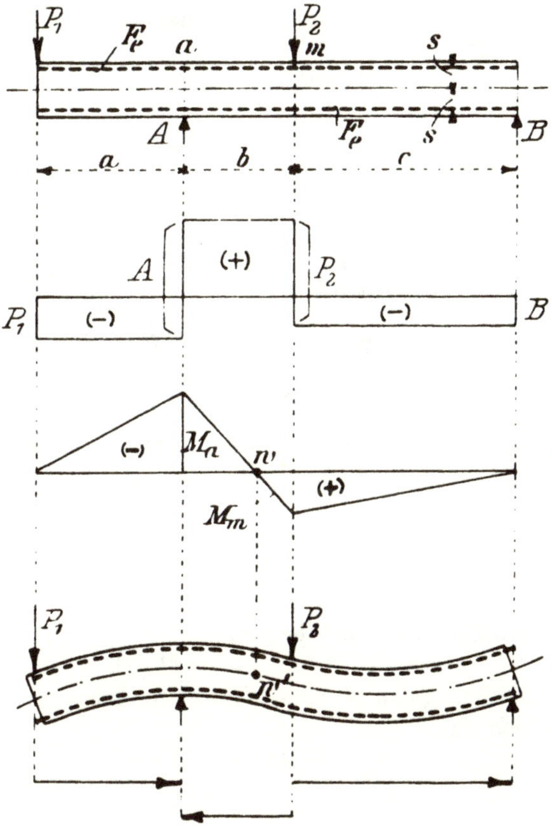

Fig. 34.
Fig. 34a.
Fig. 34b.
Fig. 34c.

Die Armierung des vorigen Balkens kann auch anders gewählt werden, und zwar nur Eisen in den Zugzonen (Fig. 35). Die obere Eiseneinlage des Kragarmes braucht nicht im Nullpunkt *w* der Momentenlinie konzentriert befestigt zu werden. Dasselbe gilt von der unteren Bewehrung im rechts liegenden Trägerteil.

Im übrigen gilt bezüglich der Diagramme, der Haft- und der Eisenspannung dasselbe wie vorher. Die Eisen erhalten nur Zugkräfte. Es ist

$$\tau_{max} = Q \cdot \mathfrak{N} = (A - P_1) \cdot \mathfrak{N}$$

weiter
$$X_a = M_a \cdot \mathfrak{N}$$

und
$$X_m = M_m \cdot \mathfrak{N}$$

Das größte Moment des Balkenquerschnittes über den Auflager A ist

$$M_a^o = M_a (1 - \mathfrak{N} \cdot s)$$

Das Moment unter der Last P_2

$$M_m^o = M_m (1 - \mathfrak{N} \cdot s)$$

Den Bruchfaktor $\mathfrak{N}$ liefert die Gleichung 8.

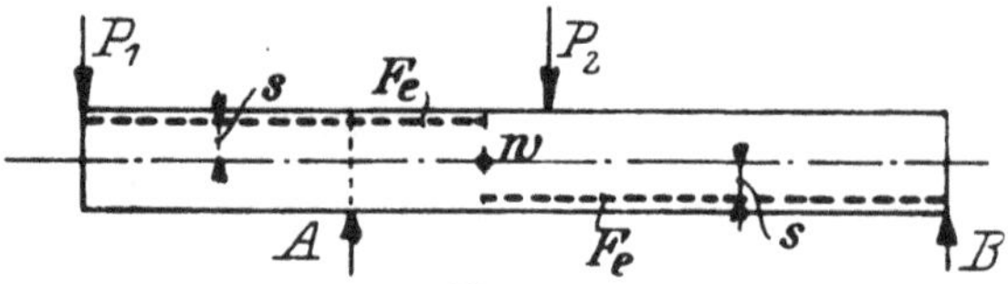

Fig. 35.

Ähnlich ist der Vorgang bei dem in Fig. 36 abgebildeten, gleichmäßig mit p pro Längeneinheit belasteten Balken mit Kragarm.

Die Maximalmomente betragen:

$$M_a = \frac{p \cdot a^2}{2} \qquad M_m = \frac{p}{8\,l^2}(l^2 - a^2)^2$$

Die größten Züge im Eisen sind:

$$X_a = M_a \cdot \mathfrak{N} \text{ und } X_m = M_m \cdot \mathfrak{N}$$

Die ungünstigsten Momente des Betonquerschnittes berechnen sich danach zu

$$M_a^o = M_a (1 - \mathfrak{N} \cdot s)$$

und
$$M_m^o = M_m (1 - \mathfrak{N} \cdot s)$$

Um die größten Einheiten der Haftspannungen ermitteln zu können, bedarf es der Kenntnis der Auflagerdrucke. Diese sind

$$A = \frac{p}{2l}(l + a)^2$$

$$\text{und } B = \frac{p}{2l}(l^2 - a^2)$$

Dann betragen

$$\tau_a = Q \cdot \mathfrak{R} = (A - p \cdot a) \cdot \mathfrak{R} = \frac{p}{2l}(l^2 + a^2) \cdot \mathfrak{R}$$

und

$$\tau_b = Q \cdot \mathfrak{R} = \frac{p}{2l}(l^2 - a^2) \cdot \mathfrak{R}$$

Der Momentennullpunkt, bis wo die Eiseneinlagen gehen, liegt im Abstande $b = \frac{a^2}{l}$ vom Auflager A.

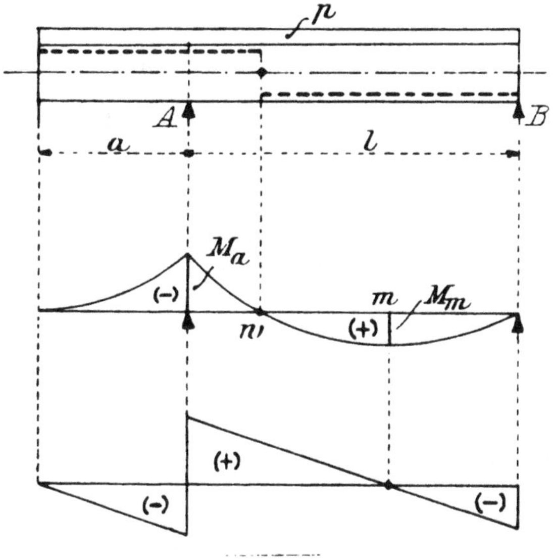

Fig. 36.

Fig. 36a.

Fig. 36b.

Die sogenannten Plattenbalken (Fig. 37) sind wegen ihrer ungleichmäßigen Querschnittsverteilung ein schlechtes statisches Objekt. Die Eisenarmierung muß, um erträgliche Spannungen im Beton zu erzielen, unverhältnismäßig stark sein. Behandeln wir zunächst versuchsweise einen solchen Balken nach dem Vorbild der Balken von rechteckigem Querschnitt. Man hat dabei notwendig, die Schwerlinie x—x des Querschnittes festzustellen. Auf diese bezieht sich dann das Maß s bis zur Eiseneinlage. Daran anschließend erfolgt die Ermittlung des Trägheitsmomentes J_b und der Widerstandsmomente, diese einmal bezogen auf die obere Faser (W_o), das anderemal auf die untere Faser (W_u).

9. Zahlenbeispiel. (Fig. 37.)

Es ergeben sich folgende Werte

$$s_o = 18{,}64\ \text{cm} \qquad s_u = 41{,}36\ \text{cm} \qquad s = 37{,}36\ \text{cm}$$

$$J_b = 886500\ \text{cm}^4 \qquad F_b = 2750\ \text{cm}^2$$

$$W_o = \frac{J_b}{s_o} = \frac{886500}{18{,}64} = 47550\ \text{cm}^3$$

$$W_u = \frac{J_b}{s_u} = \frac{886500}{41{,}36} = 21430\ \text{cm}^3$$

$$\frac{E_b}{E_e} = \frac{1}{25}$$

Der Eisenquerschnitt sei $F_e = 30{,}4\ \text{cm}^2$

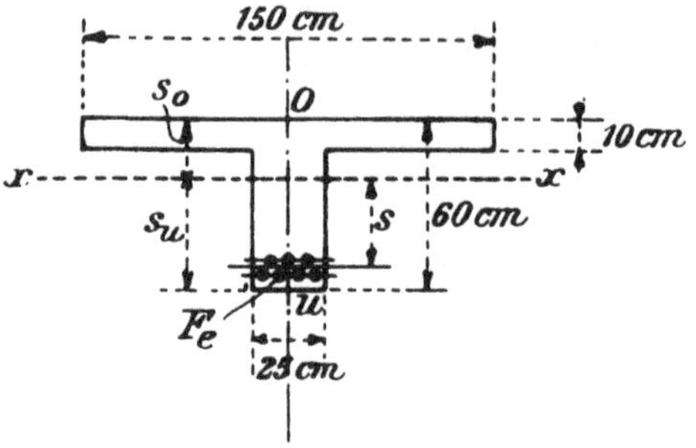

Fig. 37.

Für eine einseitige Armierung war nach Gleichung 8

$$\mathfrak{R} = \frac{s}{s^2 + \frac{J_b}{F_b} + \frac{J_b \cdot E_b}{F_e \cdot E_e}}$$

Die Zahlen liefern

$$\mathfrak{R} = \frac{37{,}36}{37{,}36^2 + \frac{886500}{2750} + \frac{886500 \cdot 1}{30{,}4 \cdot 25}}$$

$$= \frac{37{,}36}{1393 + 323 + 1167} = 0{,}01297$$

Der Balken hat eine Länge von $l = 10$ m und sei gleichmäßig mit $P = 13000$ kg belastet.

Das Maximalmoment beträgt

$$M_{\max} = \frac{P \cdot l}{8} = \frac{13000 \cdot 1000}{8} = 1625000\ \text{cmkg}$$

Der größte Zug im Eisen bestimmt sich zu

$$X = M_{\max} \cdot \mathfrak{R} = 1625000 \cdot 0{,}01297 = 21050\ \text{kg}$$

Die Eisenbeanspruchung ist

$$\sigma_e = \frac{X}{F_e} = \frac{21050}{30,4} = 693 \text{ kg/cm}^2$$

Das größte Balkenmoment hat den wahren Wert von

$$M^o_{\max} = M_{\max} - X \cdot s = M_{\max}(1 - \mathfrak{N} \cdot s)$$
$$= 1625000\,(1 - 0{,}01297 \cdot 37{,}36)$$
$$= 1625000 \cdot 0{,}5155 = 838000 \text{ cmkg}$$

Es ergeben sich folgende Betonbeanspruchungen

$$\sigma_o = \frac{M^o_{\max}}{W_o} + \frac{X}{F_b}$$
$$= \frac{838000}{47550} + \frac{21050}{2750} = 17{,}6 + 7{,}7 = 25{,}3 \text{ kg/cm}^2 \text{ Druck}$$

$$\sigma_u = \frac{M^o_{\max}}{W_u} - \frac{X}{F_b}$$
$$= \frac{838000}{21430} - \frac{21050}{2750} = 39{,}1 - 7{,}7 = 31{,}4 \text{ kg/cm}^2 \text{ Zug}$$

Es ist selbstverständlich, daß die Spannungsgesetze, die wir der benutzten Formel zugrunde legten, bei dieser hohen Zuginanspruchnahme des Betons eine erhebliche Verschiebung erfahren. Hier wird ohne Frage ein Bruch der Zugzone eintreten, womit eine erhebliche Erhöhung der Eisenspannung und zugleich eine Veränderung der Druckbeanspruchung des Betons verbunden ist. Infolge der Deformation des Betons versagen weiterhin die Gesetze, nach denen die Haftkräfte innerhalb regulärer Spannungswerte verlaufen. Das Resultat ist schließlich so, daß wir nicht wissen, wie die Sachlage nun eigentlich ist, ob die Gefahr besteht, daß der Balken bricht, oder ob er noch einige Sicherheit bietet.

Die Versuche haben ergeben, daß dort, wo durch Deformation des Betons die Haftspannungen versagen, weitere Befestigungen der Eiseneinlagen einen sehr günstigen Einfluß auf den Spannungszustand des Balkens haben. Es ist daher in diesem Falle geboten, die Eisenlage an den Enden kräftig umzubiegen, das heißt, für eine gründliche Endbefestigung Sorge zu tragen. Erfolgt dann Mitte Balken ein Bruch im Steg des Betonquerschnittes und nimmt man ihn ungünstigenfalls an bis zur Deckenplatte, dann schreiben wir dem Eisen den denkbar größten Zug und dem Plattenquerschnitt den denkbar größten Druck zu.

Für die Ermittlung der nunmehr auftretenden Spannungen ist die Annahme zulässig, daß die Druckkraft sich gleichmäßig auf den Plattenquerschnitt verteilt. Die Druckkraft ist gleich der Eisenspannkraft und beträgt in der Mitte des Balkens

$$X = \frac{M_{\max}}{h} = \frac{Q \cdot l}{8 \cdot h} = \frac{1625000}{46} = 35350 \text{ kg}$$

wo h den Abstand der Eisenlage von Mitte des Plattenquerschnittes bedeutet. Die Beanspruchung des Eisens berechnet sich danach zu

$$\sigma_e = \frac{X}{F_e} = \frac{35350}{30,4} = 1162 \text{ kg/cm}^2$$

Der Querschnitt der Platte ist

$$F_b = 1500 \text{ cm}^2$$

Die Druckbeanspruchung des Betons ergibt sich somit zu

$$\sigma_b = \frac{35350}{1500} = 23,6 \text{ kg/cm}^2$$

Die beste Sicherung des Balkens ist aber eine vorherige Anspannung oder Dehnung der glatten Eiseneinlage. Gibt man ihr z. B. die zuerst ermittelte Anspannung $X = 21050$ kg, dann wird sich ungefähr der günstigste Zustand (keine Zugspannung im Beton) einstellen. Bei der sehr niedrigen Haftspannung kann die Frage, ob die Anspannung des Eisens im Laufe der Zeit eine Verminderung erfährt, verneint werden.

Fig. 38 zeigt eine durch P zentrisch belastete Betonsäule viereckigen Querschnittes. Die Eisenarmierung sei symmetrisch und betrage F_e für jede Seite.

Ist es möglich, eine sichere konzentrierte Endbefestigung der Eisenlage am Kopf wie auch am Fuße der Säule zu erzielen, dann würde die Längshaftung wirkungslos sein, weil keine Querkräfte vorhanden sind.

$$\tau = Q \cdot \mathfrak{N} = 0 \cdot \mathfrak{N} = 0$$

Es erscheint dann in der Eisenlage auf jeder Seite die unveränderliche Anspannung X, die von oben bis unten stetig entlastend auf die Säule wirkt (Fig. 38).

Die Ermittlung der Anspannung X erfolgt wieder auf dem bekannten Wege mit Hilfe der Arbeitsgleichung

$$\int \frac{N}{FE} \cdot \frac{\partial N}{\partial X} \cdot dx = 0$$

Das Eisen.

$$N = X$$

$$\int \frac{N}{F \cdot E} \cdot \frac{\partial N}{\partial X} \cdot dx = \frac{X \cdot h}{F_e \cdot E_e}$$

Für beide Eiseneinlagen.

$$\frac{2 \cdot X \cdot h}{F_e \cdot E_e}$$

Die Säule.

$$N = P - 2 \cdot X \qquad \frac{\partial N}{\partial X} = -2$$

$$\int \frac{N}{F \cdot E} \cdot \frac{\partial N}{\partial X} \cdot dx = \frac{1}{F_b \cdot E_b} \int_0^h \left\{ -2 \cdot P + 4 \cdot X \right\} dx$$

$$= -\frac{2 \cdot P \cdot h}{F_b \cdot E_b} + \frac{4 \cdot X \cdot h}{F_b \cdot E_b}$$

$$\Sigma \text{ Formänderungsarbeit} = 0$$

$$\frac{4 \cdot X \cdot h}{F_b \cdot E_b} + \frac{2 \cdot X \cdot h}{F_e \cdot E_e} - \frac{2 \cdot P \cdot h}{F_b \cdot E_b} = 0$$

oder

$$X = P \cdot \frac{1}{2 + \frac{F_b \cdot E_b}{F_e \cdot E_e}} = P \cdot \mathfrak{N} \quad . \; . \; . \; . \; . \quad (31)$$

10. Zahlenbeispiel.

$$P = 30000 \text{ kg} \qquad F_b = 30 \cdot 30 = 900 \text{ cm}^2$$

$$\frac{E_b}{E_e} = \frac{1}{15} \qquad F_e = 8 \text{ cm}^2$$

$$\mathfrak{N} = \frac{1}{2 + \frac{900 \cdot 1}{8 \cdot 15}} = \frac{1}{2 + 7{,}5} = 0{,}1052$$

$$X = 30000 \cdot 0{,}1052 = \backsim 3156 \text{ kg}$$

Diese Kraft muß von der konzentrierten Endbefestigung aufgenommen werden.

Die Druckbeanspruchung des Eisens ist

$$\sigma_e = \frac{X}{F_e} = \frac{3156}{8} = 395 \text{ kg/cm}^2$$

Die Druckbeanspruchung des Betons berechnet sich zu

$$\sigma_b = \frac{P - 2 \cdot X}{F_b}$$

$$= \frac{30000 - 2 \cdot 3156}{900} = \frac{23868}{900} = \sim 26{,}5 \text{ kg/cm}^2$$

Die gewöhnliche Einbettung des Eisens (Längshaftung) ohne konzentrierte Endbefestigung ist unrationell, um nicht

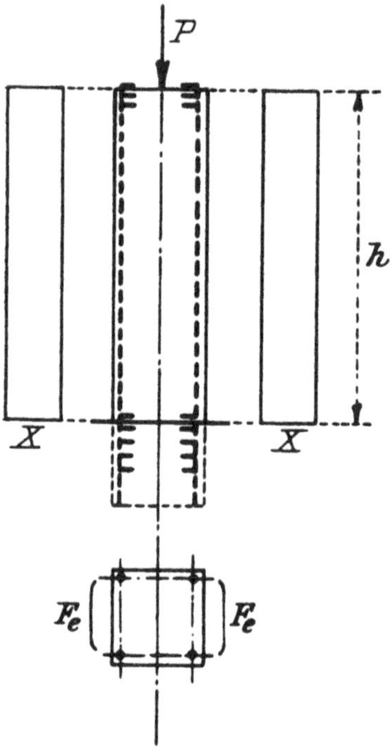

Fig. 38.

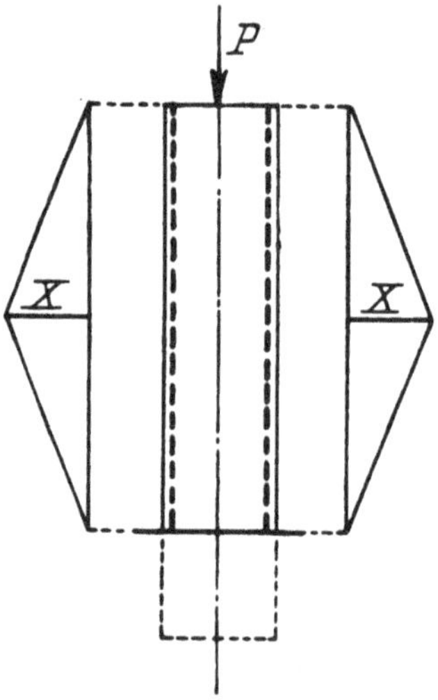

Fig. 39.

zu sagen zwecklos. Die Anhäufung X' der überall gleichen Einheiten τ der Haftspannung beginnt dann nach Fig. 39 mit Null an den Säulenenden und nimmt geradlinig zu bis zum Werte X in der Mitte der Säule. Am Kopf und am Fuß hat somit das Eisen überhaupt keinen Einfluß auf den Betonquerschnitt; hier ist die Beanspruchung

$$\sigma_b = \frac{P}{F_b} = \frac{30000}{900} = 33{,}3 \text{ kg/cm}^2$$

Der Anteil des Eisens an der Aufnahme von P beginnt allmählich und erreicht seinen größten Betrag X in der Mitte des Ständers. Hier ist

$$\sigma_b = \frac{P - 2 \cdot X}{F_b}$$

Die Herleitung ergibt

$$X = \frac{3 \cdot P}{2} \cdot \frac{1}{2 + \frac{F_b \cdot E_b}{F_e \cdot E_e}} = \frac{3 \cdot P}{2} \cdot \mathfrak{N} \quad . \quad . \quad . \quad (32)$$

Die Einheit der Haftspannung ist

$$\tau = \frac{3 \cdot P}{h} \cdot \mathfrak{N} \quad . \quad . \quad . \quad . \quad . \quad . \quad . \quad . \quad (33)$$

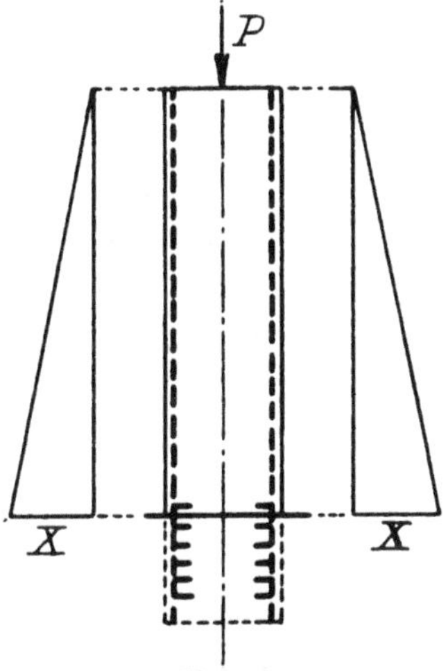

Fig. 40.

Ebensowenig hat eine konzentrierte Endbefestigung der Eiseneinlage nur am Fuße des Ständers den erwünschten Erfolg (Fig. 40). Die Anhäufung der Einheiten der Haftspannung beginnt hier ebenfalls mit Null am Kopf der Säule und wächst geradlinig nach unten bis zum Werte X (größte Eisenspannung) am Fuße.

Die Beanspruchung des Betonquerschnittes am Kopf ist wie oben

$$\sigma_b = \frac{P}{F_b} = \frac{30\,000}{900} = 33{,}3 \text{ kg/cm}^2$$

wird demnach durch die Eiseneinlage nicht verringert.

Am Fuße beträgt die Beanspruchung

$$\sigma_b = \frac{P - 2 \cdot X}{F_e}$$

Der Faktor $\mathfrak{N}$ ist wie oben

$$\mathfrak{N} = \frac{1}{2 + \frac{F_b \cdot E_b}{F_e \cdot E_e}}$$

und

$$X = \frac{3 \cdot P}{2} \cdot \mathfrak{N}$$

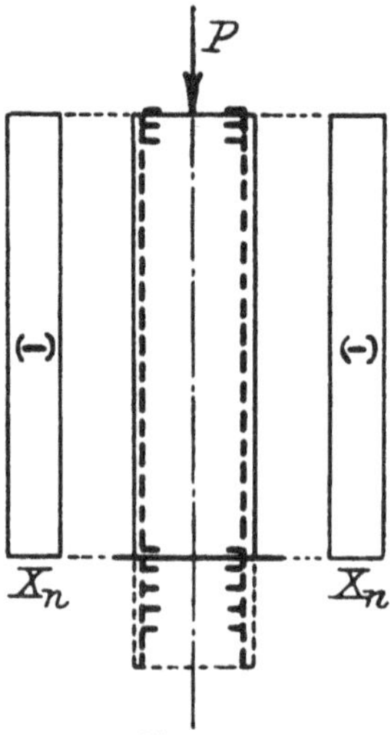

Fig. 41.

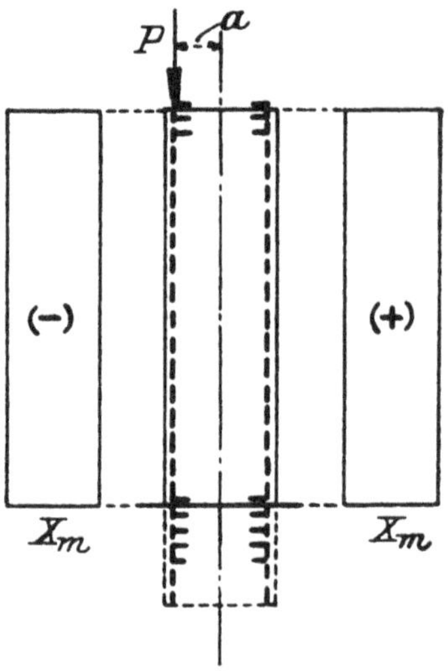

Fig. 42.

Wir lassen nach Fig. 42 die Last P jetzt außerhalb der Ständerachse im Abstande a angreifen. Auch hier müssen, um eine rationelle Wirkung zu erzielen, die Eiseneinlagen am Kopf und am Fuß der Säule konzentriert befestigt werden.

Wir betrachten zwei Folgewirkungen der Last P getrennt, und zwar einmal ihre Wirkung als Normalkraft, das andere Mal den Einfluß des durch sie erzeugten Momentes auf den Ständer.

1. Wirkung der Normalkraft:

Der Druck im Eisen war nach Gleichung 31

$$X_n = P \cdot \frac{1}{2 + \frac{F_b \cdot E_b}{F_e \cdot E_e}} = P \cdot \mathfrak{N} \text{ (vgl. Fig. 41)}$$

2. Wirkung des Momentes.

Die Eiseneinlage.

$$N = X$$

$$\int \frac{N}{F \cdot E} \cdot \frac{\partial N}{\partial X} \cdot dx = \frac{X_m \cdot h}{F_e \cdot E_e}$$

Zwei Eisenlagen.

$$\frac{2 \cdot X_m \cdot h}{F_e \cdot E_e}$$

Der Ständer.

$$M_x = P \cdot a - 2 \cdot X_m \cdot s \qquad \frac{\partial M_x}{\partial X} = -2 \cdot s$$

$$\int \frac{M_x}{J \cdot E} \cdot \frac{\partial M_x}{\partial X} = \frac{1}{J_b \cdot E_b} \int_0^h \left\{ -2 \cdot P \cdot a \cdot s + 4 \cdot X_m \cdot s^2 \right\} dx$$

$$= -\frac{2 \cdot P \cdot a \cdot h \cdot s}{J_b \cdot E_b} + \frac{4 \cdot X_m \cdot h \cdot s^2}{J_b \cdot E_b}$$

$$\Sigma \text{ Formänderungsarbeit} = 0$$

$$\frac{4 \cdot X_m \cdot h \cdot s^2}{J_b \cdot E_b} + \frac{2 \cdot X_m \cdot h}{F_e \cdot E_e} - \frac{2 \cdot P \cdot a \cdot h \cdot s}{J_b \cdot E_b} = 0$$

oder

$$X_m = P \cdot a \frac{s}{2 \cdot s^2 + \frac{J_b \cdot E_b}{F_e \cdot E_e}} = M \cdot \mathfrak{N} \quad . \quad . \quad . \quad (34)$$

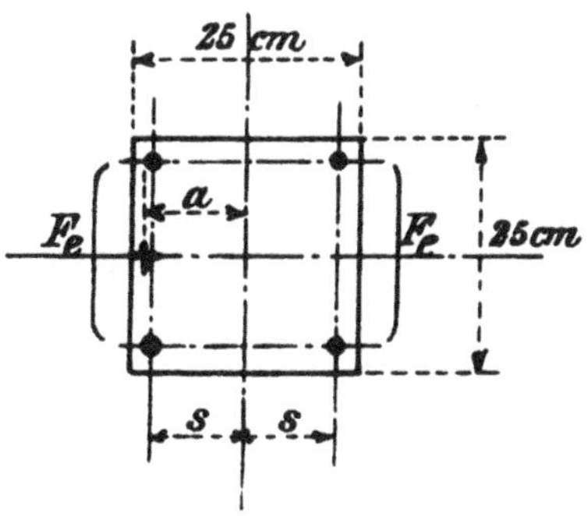

Fig. 43.

11. Zahlenbeispiel (Fig. 43).

$P = 5000$ kg $\qquad F_b = 25 \cdot 25 = 625$ cm²

$F_e = 6{,}28$ cm² $\qquad W_b = 2604$ cm³

$J_b = 32550$ cm⁴

$h = 2{,}50\ \text{m} \qquad a = 10\ \text{cm} \qquad s = 9{,}5\ \text{cm} \qquad \frac{E_b}{E_e} = \frac{1}{15}$

1. Bestimmung von X_n.

$$\mathfrak{N} = \frac{1}{2 + \frac{F_b \cdot E_b}{F_e \cdot E_e}}$$

$$= \frac{1}{2 + \frac{625 \cdot 1}{6{,}28 \cdot 15}} = \frac{1}{2 + 6{,}635} = 0{,}1158$$

$$X_n = P \cdot \mathfrak{N} = 5000 \cdot 0{,}1158 = \sim 580\ \text{kg Druck.}$$

2. Bestimmung von X_m.

$$\mathfrak{N} = \frac{s}{2 \cdot s^2 + \frac{J_b \cdot E_b}{F_e \cdot E_e}}$$

$$= \frac{9{,}5}{2 \cdot \overline{9{,}5}^2 + \frac{32550 \cdot 1}{6{,}28 \cdot 15}} = \frac{9{,}5}{180{,}5 + 345{,}6} = 0{,}01806$$

$$X_m = P \cdot a \cdot \mathfrak{N} = 5000 \cdot 10 \cdot 0{,}01806 = \sim 903\ \text{kg Zug und Druck.}$$

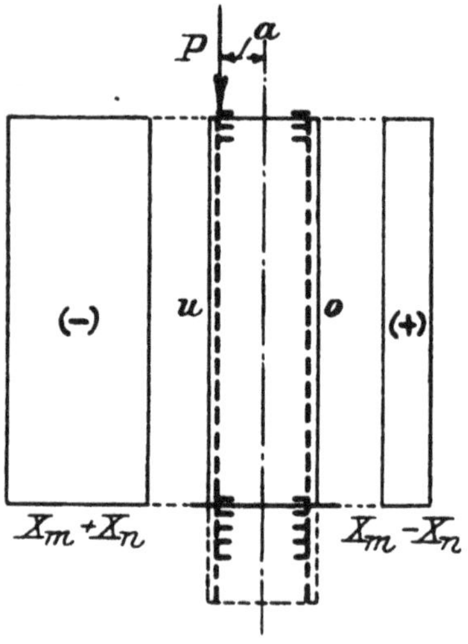

Fig. 44.

Wie Fig. 44 zeigt, addieren sich die Spannkräfte X_n und X_m auf der linken Seite, während sie sich auf der rechten Seite subtrahieren.

Die Spannung der Eiseneinlage rechts wird zu Null, wenn $X_n = X_m$, oder wenn

$$a = \frac{1}{s} \cdot \frac{2 s^2 + \frac{J_b \cdot E_b}{F_e \cdot E_e}}{2 + \frac{F_b \cdot E_b}{F_e \cdot E_e}}$$

Die Normalkraft auf den Betonquerschnitt ist

$$N = P - 2 \cdot X_n$$
$$= 5000 - 2 \cdot 580 = 3840 \text{ kg}$$

Das Moment beträgt

$$M^0 = P \cdot a - 2 \cdot X_m \cdot s$$
$$= 5000 \cdot 10 - \quad \cdot 903 \cdot 9{,}5 = 50000 - 17157 = 32843 \text{ cm/kg}$$

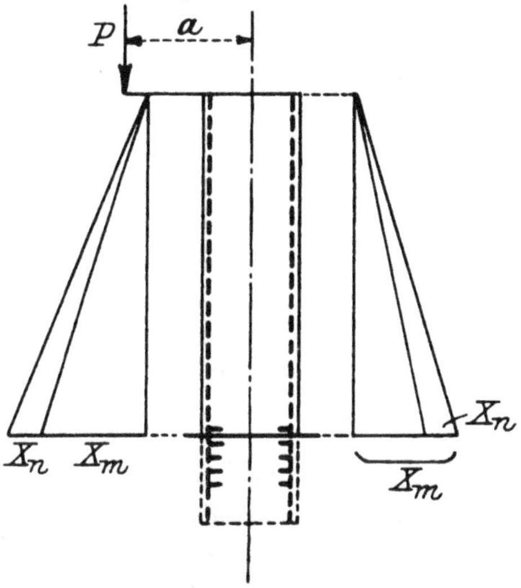

Fig. 45.

Die Beanspruchungen berechnen sich wie folgt

$$\sigma_a = \frac{M^0}{W_b} + \frac{N}{F_b}$$
$$= \frac{32843}{2604} + \frac{3840}{625} = 12{,}6 + 6{,}2 = 18{,}8 \text{ kg/cm}^2 \text{ Druck}$$
$$\sigma_o = \frac{M^0}{W_b} - \frac{N}{F_b} = 12{,}6 - 6{,}2 = 6{,}4 \text{ kg/cm}^2 \text{ Zug.}$$

Die größte Eisenspannkraft war

$$X = X_n + X_m = 580 + 903 = 1483 \text{ kg}$$

wonach sich ermittelt

$$\sigma_e = \frac{X}{F_e} = \frac{1483}{6,28} = 236 \text{ kg/cm}^2 \text{ Druck}.$$

Wir betrachten nun dieselbe Säule, jedoch mit dem Unterschied, daß die Eiseneinlage nur am Fuße konzentriert befestigt wird. Dann beginnt die Anhäufung der Einheiten der Haftspannung wieder mit Null am Kopf des Ständers, wächst geradlinig nach unten und endet mit dem größten Wert X (Eisenspannkraft) an der Einspannstelle (Fig. 45).

Wir verfolgen die Wirkung aus der Normalkraft und die Wirkung aus dem Moment wieder getrennt. Die Werte ergeben sich zu

$$X_n = \frac{3 \cdot P}{2} \cdot \frac{1}{2 + \frac{F_b \cdot E_b}{F_e \cdot E_e}} = \frac{3 \cdot P}{2} \cdot \mathfrak{N} \quad . \quad . \quad . \quad (35)$$

und

$$X_m = \frac{3 \cdot P}{2} \cdot a \frac{s}{2 \cdot s^2 + \frac{J_b \cdot E_b}{F_e \cdot E_e}} = \frac{3 \cdot P}{2} \cdot a \cdot \mathfrak{N} \quad . \quad . \quad (36)$$

Auf die Beanspruchung des Betonquerschnittes am Kopf des Ständers hat die Eisenarmierung noch keinen Einfluß. Dort ist

$$\sigma_b = \frac{P}{F_b} \pm \frac{P \cdot a}{W_b}$$

Die geringste Beanspruchung erscheint am Fuß. Hier ist

$$M^o = P \cdot a - 2 \cdot X_m \cdot s$$

und

$$N = P - 2 \cdot X_n$$

Sodann folgt

$$\sigma_u = \frac{M^o}{W_b} + \frac{N}{F_b} \text{ (Druck)}$$

und

$$\sigma_o = \frac{M^o}{W_b} - \frac{N}{F_b} \text{ (Zug)}$$

Die größte Einheit der Haftspannung ermittelt sich zu

$$\tau = \frac{X_m + X_n}{h}$$

Die Zahlen des vorhergegangenen Beispiels liefern folgende Werte:

$$X_n = \frac{3 \cdot P}{2} \cdot \mathfrak{N} = \frac{3 \cdot 5000}{2} \cdot 0{,}1158 = \sim 870 \text{ kg Druck}$$

$$X_m = \frac{3 \cdot P}{2} \cdot a \cdot \mathfrak{N} = \frac{3 \cdot 5000}{2} \cdot 10 \cdot 0{,}01806 = \sim 1355 \text{ kg Zug bzw. Druck.}$$

Am Fuße:

$$M^o = P \cdot a - 2 \cdot X_m \cdot s$$

$$= 5000 \cdot 10 - 2 \cdot 1355 \cdot 9{,}5 = 50000 - 25745 = 24255 \text{ cm/kg}$$

$$N = P - 2 \cdot X_n$$

$$= 5000 - 2 \cdot 870 = 3260 \text{ kg}$$

$$\sigma_u = \frac{M^o}{W_b} + \frac{N}{F_b}$$

$$= \frac{24255}{2604} + \frac{3260}{625} = 9{,}32 + 5{,}22 = 14{,}54 \text{ kg/cm}^2 \text{ Druck}$$

$$\sigma_o = \frac{M^o}{W_b} - \frac{N}{F_b} = 9{,}32 - 5{,}22 = 4{,}10 \text{ kg/cm}^2 \text{ Zug}$$

Die größte Einheit der Haftspannung ist

$$\tau = \frac{X_m + X_n}{h} = \frac{1355 + 870}{250} = 8{,}90 \text{ kg pro cm Eisenlänge}$$

Die Eisenstäbe haben einen Durchmesser von 2 cm, somit einen Umfang von

$$f_e = 2 \cdot 2 \cdot 3{,}14 = 12{,}56 \text{ cm}^2$$

Danach beträgt die Haftspannung

$$\tau_e = \frac{\tau}{f_e} = \frac{8{,}90}{12{,}56} = 0{,}71 \text{ kg/cm}^2$$

Die größte Beanspruchung der Eisenlage ist

$$\sigma_e = \frac{X_m + X_n}{F_e} = \frac{1355 + 870}{6{,}28} = 354 \text{ kg/cm}^2 \text{ Druck}$$

Ladet die Last weiter aus, dann bewehrt man den Ständer zweckmäßig nur in der Rückenseite (Zugzone). Die Befestigung der Eiseneinlage hat konzentriert am Kopf uud am Fuß zu erfolgen (Fig. 46). Bei diesem Fall, wo das Moment einen überwiegenden Einfluß hat, wählt man das Elastizitätsverhältnis $\frac{E_b}{E_e} = \frac{1}{25}$

1. Wirkung der Normalkraft.

Die Eiseneinlage.

$$N = X_n$$

$$\int \frac{N}{F \cdot E} \cdot \frac{\partial N}{\partial X} = \frac{X_n \cdot h}{F_e \cdot E_e}$$

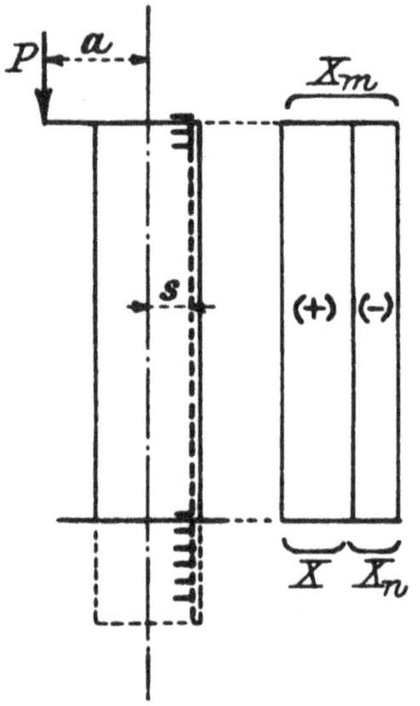

Fig. 46.

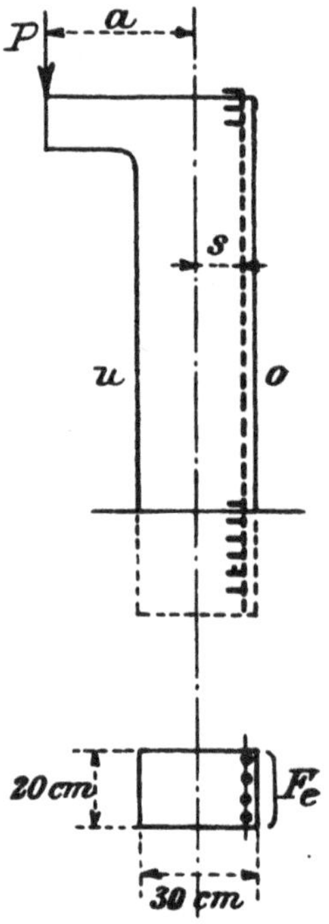

Fig. 47.

Der Ständer.

$$N = P - X_n \qquad \frac{\partial N}{\partial X_n} = -1$$

$$\int \frac{N}{F \cdot E} \cdot \frac{\partial N}{\partial X} \cdot dx = -\frac{P \cdot h}{F_b \cdot E_b} + \frac{X_n \cdot h}{F_b \cdot E_b}$$

$$M_x = X_n \cdot s \qquad \frac{\partial M_x}{\partial X_n} = s$$

$$\int \frac{M_x}{J \cdot E} \cdot \frac{\partial M_x}{\partial X} \cdot dx = \frac{X_n \cdot h \cdot s^2}{J_b \cdot E_b}$$

$$\Sigma \text{ Formänderungsarbeit} = 0$$

$$\frac{X_n \cdot h \cdot s^2}{J_b \cdot E_b} + \frac{X_n \cdot h}{F_b \cdot E_b} + \frac{X_n \cdot h}{F_e \cdot E_e} = \frac{P \cdot h}{F_b \cdot E_b}$$

oder

$$X_n = P \cdot \frac{1}{1 + s^2 \cdot \frac{F_b}{J_b} + \frac{F_b \cdot E_b}{F_e \cdot E_e}} = P \cdot \mathfrak{N} \quad . \quad . \quad . \quad (37)$$

2. Wirkung des Momentes.

Die Eisenlage.

$$N = X_m$$

$$\int \frac{N}{F \cdot E} \cdot \frac{\partial N}{\partial X} \cdot dx = \frac{X_m \cdot h}{F_e \cdot E_e}$$

Der Ständer.

$$N = X_m$$

$$\int \frac{N}{F \cdot E} \cdot \frac{\partial N}{\partial X} \cdot dx = \frac{X_m \cdot h}{F_b \cdot E_b}$$

$$M_x = P \cdot a - X_m \cdot s \qquad \frac{\partial M_x}{\partial X_m} = -s$$

$$\int \frac{M_x}{J \cdot E} \cdot \frac{\partial M_x}{\partial X} dx = \frac{1}{J_b \cdot E_b} \int_0^h \left\{ -P \cdot a \cdot s + X_m \cdot s^2 \right\} dx$$

$$= -\frac{P \cdot a \cdot h \cdot s}{J_b \cdot E_b} + \frac{X_m \cdot h \cdot s^2}{J_b \cdot E_b}$$

$$\Sigma \text{ Formänderungsarbeit} = 0$$

$$\frac{X_m \cdot h \cdot s^2}{J_b \cdot E_b} + \frac{X_m \cdot h}{F_b \cdot E_b} + \frac{X_m \cdot h}{F_e \cdot E_e} = \frac{P \cdot a \cdot h \cdot s}{J_b \cdot E_b}$$

oder

$$X_m = P \cdot a \cdot \frac{s}{s^2 + \frac{J_b}{F_b} + \frac{J_b \cdot E_b}{F_e \cdot E_e}} = P \cdot a \cdot \mathfrak{N} \quad . \quad . \quad (38)$$

Die gefundenen Spannkräfte sind entgegengesetzt gerichtet. Es verbleibt ein Eisenzug von

$$X = X_m - X_n$$

12. Zahlenbeispiel.

Der Ständerquerschnitt ist in Fig. 47 aufgezeichnet.

$P = 3000$ kg $\quad a = 40$ cm $\quad s = 13$ cm

$F_b = 30 \cdot 20 = 600$ cm^2 $\quad J_b = 45000$ cm^4

$W_b = 3000$ cm^3

$F_e = 20$ cm^2 $\quad \frac{E_b}{E_e} = \frac{1}{25}$

Die Zahlen ergeben (nach Gleichung 37):

$$X_n = P \cdot \mathfrak{N}$$

$$= 3000 \cdot \frac{1}{1 + \overline{13}^2 \cdot \frac{600}{45000} + \frac{600 \cdot 1}{20 \cdot 25}}$$

$$= 3000 \cdot \frac{1}{1 + 2{,}253 + 1{,}2} = 3000 \cdot \frac{1}{4{,}453} = 674 \text{ kg Druck}$$

(Gleichung 38):

$$X_m = P \cdot a \cdot \mathfrak{N}$$

$$= 3000 \cdot 40 \cdot \frac{13}{\overline{13}^2 + \frac{45000}{600} + \frac{45000 \cdot 1}{20 \cdot 25}}$$

$$= 120000 \cdot \frac{13}{169 + 75 + 90} = 120000 \cdot \frac{13}{334} = 4675 \text{ kg Zug}$$

daher

$$X = X_m - X_n = 4675 - 674 = \backsim 4000 \text{ kg Zug}$$

Die Beanspruchung des Eisens beträgt

$$\sigma_e = \frac{X}{F_e} = \frac{4000}{20} = 200 \text{ kg/cm}^2$$

Die Normalkraft auf den Ständer ergibt sich zu

$$N = P + X = 3000 + 4000 = 7000 \text{ kg}$$

Das angreifende Moment ist

$$M^0 = P \cdot a - X \cdot s$$

$$= 3000 \cdot 40 - 4000 \cdot 13 = 68000 \text{ cm/kg}$$

Danach berechnen sich folgende Beanspruchungen

$$\sigma_u = \frac{M^0}{W_b} + \frac{N}{F_b}$$

$$= \frac{68000}{3000} + \frac{7000}{600} = 22{,}7 + 11{,}7 = 34{,}4 \text{ kg/cm}^2 \text{ Druck}$$

$$\sigma_o = \frac{M^0}{W_b} - \frac{N}{F_b} = 22{,}7 - 11{,}7 = 11{,}0 \text{ kg/cm}^2 \text{ Zug}$$

Unser Verfahren gestattet, den Einfluß der Eisenbewehrung auf den inneren Spannungszustand auch bei statisch unbestimmten Konstruktionen nachzuweisen. Die Berechnung der statisch nicht ermittelbaren Größen (des Bauwerks als solches) darf ohne Berücksichtigung des verschwindend geringen Einflusses, den eine ungleichmäßig verteilte Armierung ausübt, durchgeführt werden.

Es sei ein eingespanntes Portal nach Fig. 48 mit der Last P in der Mitte des wagerechten Balkens zur Aufgabe gestellt. Die Bezeichnungen sind wie folgt:

Ständer.

J_1 = Trägheitsmoment $\qquad W_1$ = Widerstandsmoment

F_1 = Querschnitt

s_1 = Abstand der Eiseneinlage von der Querschnittsschwerachse

F_e' = Querschnitt der Eiseneinlage

h = Portalhöhe

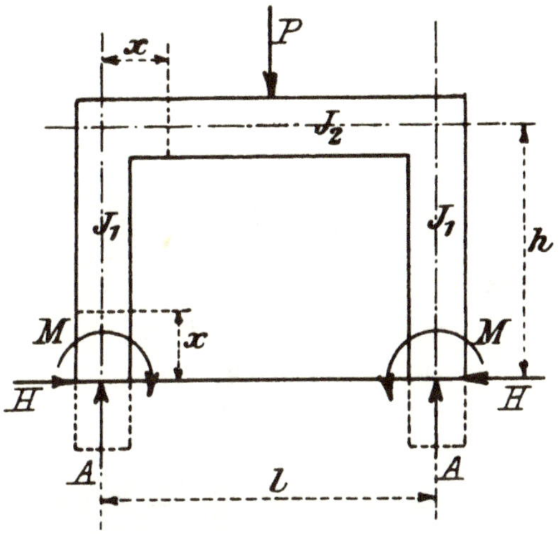

Fig. 48.

Balken. Dieselben Bezeichnungen mit der Ziffer 2

F_e'' = Querschnitt der Eiseneinlage

l = Länge des Balkens

Als statisch nicht bestimmbar erscheinen die wagerechten Schübe H an den Füßen sowie die Einspannmomente M daselbst.

Die Größen lassen sich leicht mit Hilfe unserer Bedingungsgleichungen

$$\int \frac{M_x}{J \cdot E} \cdot \frac{\partial M_x}{\partial H} \cdot dx = 0$$

und
$$\int \frac{M_x}{J \cdot E} \cdot \frac{\partial M_x}{\partial M} \cdot dx = 0$$
ermitteln, wobei die verschwindend geringe Wirkung der Querkräfte vernachlässigt werden darf.

Der Ständer links.

$$M_x = M - H \cdot x$$
$$\frac{\partial M_x}{\partial M} = 1 \qquad \frac{\partial M_x}{\partial H} = -x$$
$$\int \frac{M_x}{J \cdot E} \cdot \frac{\partial M_x}{\partial H} \cdot dx = \frac{1}{J_1 \cdot E_b} \int_0^h \left\{ -M \cdot x + H \cdot x^2 \right\} dx$$
$$= -\frac{M \cdot h^2}{2 \cdot J_1 \cdot E_b} + \frac{H \cdot h^3}{3 \cdot J_1 \cdot E_b}$$
$$\int \frac{M_x}{J \cdot E} \cdot \frac{\partial M_x}{\partial M} \cdot dx = \frac{1}{J_1 \cdot E_b} \int_0^h \left\{ M - H \cdot x \right\} dx$$
$$= + \frac{M \cdot h}{J_1 \cdot E_b} - \frac{H \cdot h^2}{2 \cdot J_1 \cdot E_b}$$

Der Balken.

$$M_x = \frac{P}{2} \cdot x + M - H \cdot h$$
$$\frac{\partial M_x}{\partial M} = 1 \qquad \frac{\partial M_x}{\partial H} = -h$$
$$\int \frac{M_x}{J \cdot E} \cdot \frac{\partial M_x}{\partial H} \cdot dx = \frac{1}{J_2 \cdot E_b} \int_0^l \left\{ -\frac{P \cdot h \cdot x}{2} - M \cdot h + H \cdot h^2 \right\} dx$$
$$= -\frac{P \cdot h \cdot l^2}{16 \cdot J_2 \cdot E_b} - \frac{M \cdot h \cdot l}{2 \cdot J_2 \cdot E_b} + \frac{H \cdot h^2 \cdot l}{2 \cdot J_2 \cdot E_b}$$
$$\int \frac{M_x}{J \cdot E} \cdot \frac{\partial M_x}{\partial M} \cdot dx = \frac{1}{J_2 \cdot E_b} \int_0^{\frac{l}{2}} \left\{ \frac{P}{2} \cdot x + M - H \cdot h \right\} dx$$
$$= \frac{P \cdot l^2}{16 \cdot J_2 \cdot E_b} + \frac{M \cdot l}{2 \cdot J_2 \cdot E_b} - \frac{H \cdot h \cdot l}{2 \cdot J_2 \cdot E_b}$$

Σ Formänderungsarbeit $= 0$

(nach H)

$$-\frac{M \cdot h^2}{2 \cdot J_1 \cdot E_b} + \frac{H \cdot h^3}{3 \cdot J_1 \cdot E_b} - \frac{M \cdot h \cdot l}{2 \cdot J_2 \cdot E_b} + \frac{H \cdot h^2 \cdot l}{2 \cdot J_2 \cdot E_b} - \frac{P \cdot h \cdot l^2}{16 \cdot J_2 \cdot E_b} = 0$$

(nach M)

$$+\frac{M\cdot h}{J_1\cdot E_b}-\frac{H\cdot h^2}{2\cdot J_1\cdot E_b}+\frac{M\cdot l}{2\cdot J_2\cdot E_b}-\frac{H\cdot h\cdot l}{2\cdot J_2\cdot E_b}+\frac{P\cdot l^2}{16\cdot J_2\cdot E_b}=0$$

oder

$$\frac{H\cdot h^2}{3\cdot J_1}+\frac{H\cdot h\cdot l}{2\cdot J_2}-\frac{M\cdot h}{2\cdot J_1}-\frac{M\cdot l}{2\cdot J_2}=\frac{P\cdot l^2}{16\cdot J_2}$$

$$\frac{H\cdot h^2}{2\cdot J_1}+\frac{H\cdot h\cdot l}{2\cdot J_2}-\frac{M\cdot h}{J_1}-\frac{M\cdot l}{2\cdot J_2}=\frac{P\cdot l^2}{16\cdot J_2}$$

Setzt man $\frac{J_2}{J_1}=n$, dann folgt

$$H\cdot h\left(\frac{2\cdot h}{3}+\frac{l}{n}\right)-M\left(h+\frac{l}{n}\right)=\frac{P\cdot l^2}{8\cdot n}$$

$$H\cdot h\left(h+\frac{l}{n}\right)-M\left(2\cdot h+\frac{l}{n}\right)=\frac{P\cdot l^2}{8\cdot n}$$

Die Gleichungen liefern

$$H=\frac{3\cdot P\cdot l^2}{8\cdot h\,(h\cdot n+2\cdot l)} \quad \ldots\ldots \quad (39)$$

und

$$M=H\cdot\frac{h}{3} \quad \ldots\ldots\ldots \quad (40)$$

13. Zahlenbeispiel (Fig. 49).

$P=2{,}0$ ton

Ständer.

$l=4$ m $\quad h=3$ m

$J_1=45000\ \text{cm}^4 \quad W_1=3000\ \text{cm}^3 \quad F_1=600\ \text{cm}^2$

$s_1=13$ cm

Balken.

$J_2=106667\ \text{cm}^4 \quad W_2=5334\ \text{cm}^3 \quad F_2=800\ \text{cm}^2$

$s_2=18$ cm

$$\frac{J_2}{J_1}=\frac{106667}{45000}=2{,}37$$

Nach Gleichung 39 berechnet sich

$$H=\frac{3\cdot P\cdot l^2}{8\cdot h\,(h\cdot n+2\cdot l)}$$

$$=\frac{3\cdot 2\cdot \overline{4}^2}{8\cdot 3\,(3\cdot 2{,}37+2\cdot 4)}=\frac{96}{362{,}64}=0{,}265\ \text{ton}$$

und

$$M=H\cdot\frac{h}{3}=0{,}265\cdot\frac{3}{3}=0{,}265\ \text{mt}$$

Der Rahmen wird somit von folgenden Momenten angegriffen:

Am Fuße

$$M_f = M = +0{,}265 \text{ mt}$$

In der Ecke oben

$$M_e = M - H \cdot h = 0{,}265 - 0{,}265 \cdot 3 = -0{,}530 \text{ mt}$$

In der Balkenmitte

$$M_m = M + \frac{P \cdot l}{4} - H \cdot h$$

$$= 0{,}265 + \frac{2 \cdot 4}{4} - 0{,}265 \cdot 3 = 1{,}47 \text{ mt}$$

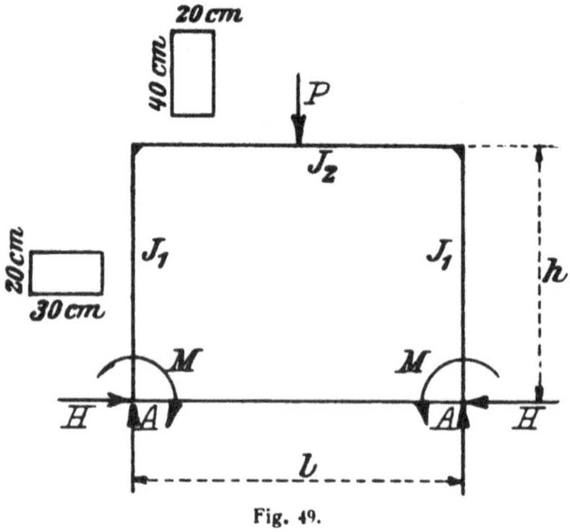

Fig. 49.

Die Eintragung der geradlinigen Momentenflächen ergibt auch die Nullpunkte (Fig. 50). Hier bestehen die Wendepunkte der elastischen Linie des Rahmens.

Ermittlung des Einflusses der Armierung.

1. Der Ständer.

Die Armierung sei doppelt.

a) Aus dem senkrechten Auflagerdruck $\frac{P}{2}$.

Wegen der Normalkraft ist zu wählen $\frac{E_b}{E_e} = \frac{1}{15}$

Die Eisenstäbe müssen am Kopf und Fuß konzentriert befestigt werden. Druck X_n im Eisen unveränderlich.

Nach Gleichung 31 ist

$$X_n = \frac{P}{2} \cdot \frac{1}{2 + \frac{F_b \cdot E_b}{F_e \cdot E_e}}$$

$$= 1000 \cdot \frac{1}{2 + \frac{600 \cdot 1}{13 \cdot 15}} = \frac{1000}{2 + 3{,}08} = 197 \text{ kg Druck}$$

b) Aus den Momenten (Fig. 52). $\frac{E_b}{E_e} = \frac{1}{25}$

Die Anhäufung der Einheiten der Haftspannungen figuriert nach den Momenten. Der Bruchfaktor $\mathfrak{N}$ bei doppelter Eiseneinlage war nach Gleichung 15

$$\mathfrak{N} = \frac{s}{2 \cdot s^2 + \frac{J_b \cdot E_b}{F_e \cdot E_e}}$$

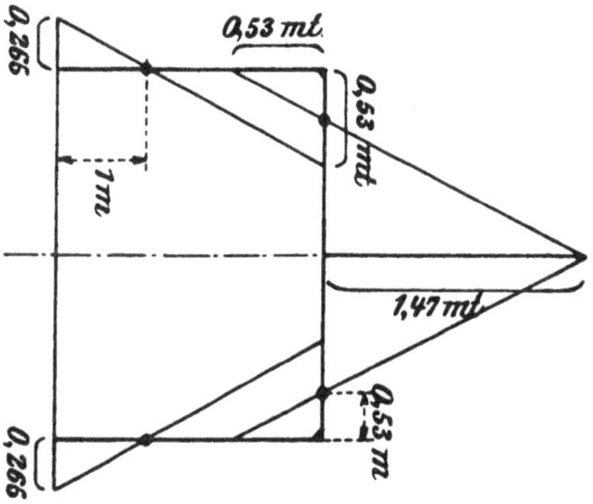

Fig. 50.

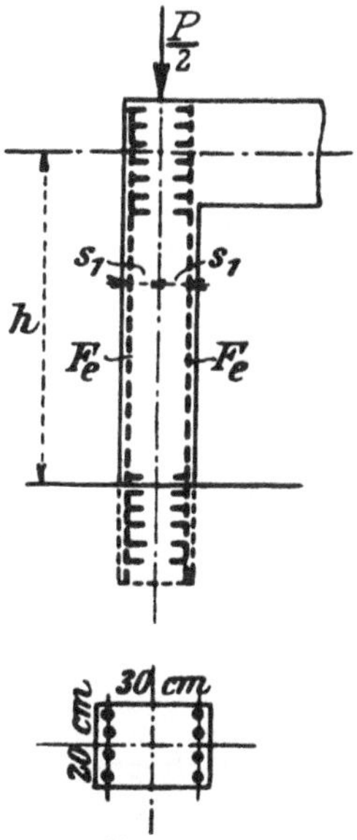

Fig. 51.

Die Zahlen liefern

$$\mathfrak{N} = \frac{13}{2 \cdot 13^2 + \frac{45000 \cdot 1}{13 \cdot 25}} = \frac{13}{338 + 138{,}5} = 0{,}0273$$

Die größte Anhäufung der Einheiten der Haftspannung besteht in der Ecke oben mit

$$X_m = M_e \cdot \mathfrak{N} = 53000 \cdot 0{,}0273 = 1447 \text{ kg Zug und Druck}$$

Am Fuße finden wir

$X_m = M_f \cdot \mathfrak{N} = 26500 \cdot 0{,}0273 = 724$ kg Zug und Druck

Nunmehr lassen sich die Beanspruchungen des Betonquerschnittes bestimmen.

In der Ecke oben.

a) Aus der Normalkraft.

$$\sigma_o = \sigma_u = \frac{\frac{P}{2} - 2 \cdot X_n}{F_1} = \frac{1000 - 2 \cdot 197}{600} = \sim 0$$

b) Aus dem Moment.

Das wirkliche Moment des Betonquerschnitts ist

$$M^o = M_e - 2 \cdot X_m \cdot s$$
$$= 53000 - 2 \cdot 1447 \cdot 13 = 53000 - 37596 = 15404 \text{ cmkg}$$

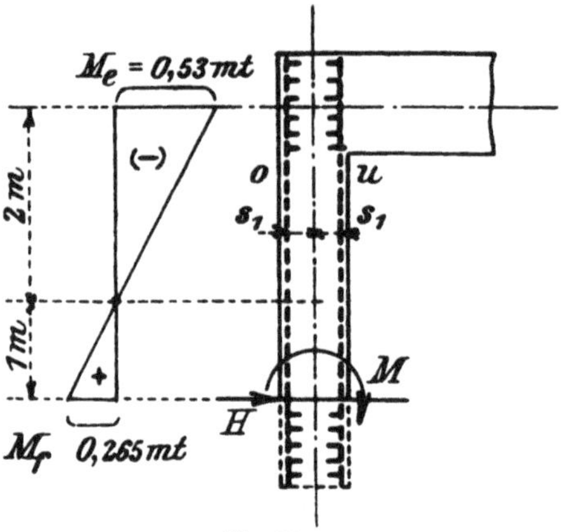

Fig. 52.

Die Beanspruchung der äußersten Fasern berechnet sich zu

$$\sigma = \frac{M^o}{W_1} = \frac{15404}{3000} = 5{,}14 \text{ kg/cm}^2 \text{ Zug und Druck.}$$

Die Eisenbeanspruchung ist ebenfalls sehr gering.

2. Der Balken.

Es wird eine einseitige doppelte Bewehrung in der unteren Seite gewählt. Wegen des konstanten Momentes M ist die Eisenlage am Ende konzentriert zu befestigen. Das Verhältnis $\frac{E_b}{E_e}$ ist mit $\frac{1}{25}$ einzuführen (Fig. 53).

Zur Ermittlung der größten Anhäufung der Einheiten der Haftspannung (Spannkraft des Eisens) benutzen wir die Gleichungen 14 und 14a. Sie lauteten

$$X_1\left(s_1^2+\frac{J_b}{F_b}+\frac{J_b\cdot E_b}{F_e'\cdot E_e}\right)+X_2\left(s_1\cdot s_2+\frac{J_b}{F_b}\right)=M_m\cdot s_1$$

$$X_2\left(s_2^2+\frac{J_b}{F_b}+\frac{J_b\cdot E_b}{F_e''\cdot E_e}\right)+X_1\left(s_1\cdot s_2+\frac{J_b}{F_b}\right)=M_m\cdot s_2$$

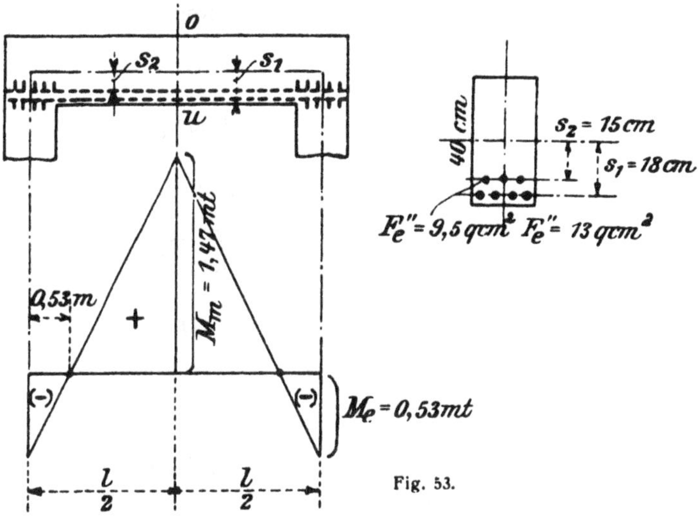

Fig. 53.

Wir setzen die Zahlenwerte ein:

$$X_1\left(18^2+\frac{106667}{800}+\frac{106667}{13\cdot 25}\right)+X_2\left(18\cdot 15+\frac{106667}{800}\right)=147000\cdot 18$$

$$X_2\left(15^2+\frac{106667}{800}+\frac{106667}{9{,}5\cdot 25}\right)+X_1\left(18\cdot 15+\frac{106667}{800}\right)14=7000\cdot 15$$

$$X_1\,(324+133+328)+X_2\,(270+133)=2646000$$

$$X_2\,(225+133+449)+X_1\,(270+133)=2205000$$

$$X_1\cdot 785+X_2\cdot 403=2646000$$

$$X_1\cdot 403+X_2\cdot 807=2205000$$

$$X_1\cdot 1572+X_2\cdot 807=5298615$$

$$X_1\cdot\ \ 403+X_2\cdot 807=2205000$$

durch Subtraktion $X_1=\dfrac{3093615}{1169}=2647\ \mathrm{kg}$

und $X_2=\dfrac{1138259}{807}=1411\ \mathrm{kg}$

Nunmehr läßt sich das wahre Moment in der Mitte des Balkens berechnen. Es beträgt

$$M^o = M_m - X_1 \cdot s_1 - X_2 \cdot s_2$$
$$= 147000 - 2647 \cdot 18 - 1411 \cdot 15$$
$$= 147000 - 47646 - 21165 = 78189 \text{ cmkg}$$

Die Normalkraft ist

$$N = X_1 + X_2 = 2647 + 1411 = 4058 \text{ kg}$$

Danach bestehen folgende Beanspruchungen

$$\sigma_o = \frac{M^o}{W^2} + \frac{N}{F_2}$$
$$= \frac{78189}{5334} + \frac{4058}{800} = 14{,}7 + 5{,}1 = 19{,}8 \text{ kg/cm}^2 \text{ Druck}$$
$$\sigma_u = \frac{M^o}{W_2} - \frac{N}{F_2} = 14{,}7 - 5{,}1 = 9{,}6 \text{ kg/cm}^2 \text{ Zug}$$

Im Falle einer gleichmäßig verteilten Belastung G des Balkens betragen die eingangs ermittelten Auflagergrößen des Portals

$$H = \frac{G \cdot l^2}{8 \cdot h\left(\frac{h \cdot n}{2} + l\right)} \quad \text{und} \quad M = H \cdot \frac{h}{3}$$

Von Wichtigkeit ist ferner die Kenntnis der Durchbiegung eines eisenarmierten Balkens und soll versucht werden, sie an einigen Fällen nachzuweisen.

1. Ein Träger auf zwei Stützen, mit der Last P in der Mitte.

Die Eisenarmierung liege nur in der Zugzone.

Denkt man sich die Armierung fort, dann erleidet der Balken in der Mitte bekanntlich die Durchsenkung

$$f_b = \frac{P \cdot l^3}{48 \cdot J_b \cdot E_b}$$

Durch die Anspannung der Eisenlage wird jedoch der Balken wieder gehoben; es wirkt auf jeden Querschnitt das Moment aus der Anhäufung der Einheiten der Haftspannung, und zwar mit

$$M_x = X' \cdot s = 2 \cdot X \cdot \frac{x}{l} \cdot s$$

Setzen wir für X den allgemeinen Wert

$$X = M \cdot \mathfrak{N} \text{ (Gleichung 8)}$$

ein, dann folgt

$$M_x = 2 \cdot M \cdot \mathfrak{N} \cdot \frac{x}{l} \cdot s = \frac{2 \cdot P \cdot l}{4} \cdot \frac{\mathfrak{N} \cdot x \cdot s}{l} = \frac{P \cdot \mathfrak{N} \cdot x \cdot s}{2}$$

Der Weg, den die Last P unter dem Einfluß von M_x zurücklegt, ist

$$f_e = \int_e \frac{M_x}{J \cdot E} \cdot \frac{\partial M_x}{\partial P} \cdot dx$$

Nach oben ist

$$\frac{\partial M_x}{\partial P} = \frac{\mathfrak{N} \cdot x \cdot s}{2}$$

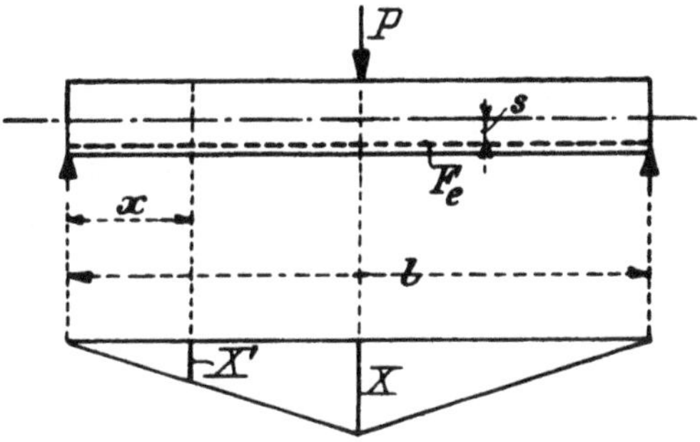

Fig. 54.

Somit

$$f_e = \frac{2}{J_b \cdot E_b} \int_{0_e}^{\frac{l}{2}} \frac{P \cdot \mathfrak{N}^2 \cdot x^2 \cdot s^2}{4} \cdot dx = \frac{P \cdot \mathfrak{N}^2 \cdot s^2}{2 \cdot J_b \cdot E_b} \int_{0_e}^{\frac{l}{2}} x^2 \cdot dx$$

$$= \frac{P \cdot \mathfrak{N}^2 \cdot s^2}{2 \cdot J_b \cdot E_b} \cdot \frac{l^3}{24} = \frac{P \cdot \mathfrak{N}^2 \cdot s^2 \cdot l^3}{48 \cdot J_b \cdot E_b}$$

Die tatsächliche Senkung der Balkenmitte ist somit

$$f = f_b - f_e = \frac{P \cdot l^3}{48 \cdot J_b \cdot E_b} - \frac{P \cdot \mathfrak{N}^2 \cdot l^3 \cdot s^2}{48 \cdot J_b \cdot E_b}$$

$$= \frac{P \cdot l^3}{48 \cdot J_b \cdot E_b} (1 - \mathfrak{N}^2 \cdot s^2) \quad . \quad . \quad . \quad (41)$$

14. Zahlenbeispiel.

$P = 2000$ kg	$l = 400$ cm
$J_b = 67400$ cm⁴	$F_b = 900$ cm²
$F_e = 40$ cm²	$s = 12$ cm
$\frac{E_b}{E_e} = \frac{1}{25}$	$E_b = 86000$ kg/cm²

5*

Es berechnet sich der Bruchfaktor $\mathfrak{N}$ nach Gleichung 8 zu

$$\mathfrak{N} = \frac{12}{\overline{12}^{2} + \frac{67400}{900} + \frac{67400}{40 \cdot 25}} = \frac{12}{277}$$

Sodann folgt nach Gleichung 41

$$f = \frac{2000 \cdot \overline{400}^{3}}{48 \cdot 67400 \cdot 86000}\left(1 - \left(\frac{12}{277}\right)^{2} \cdot \overline{12}^{2}\right)$$

$$= 0{,}46\left(1 - \frac{20736}{76729}\right) = 0{,}46 \cdot 0{,}73 = 0{,}336\,\text{cm}$$

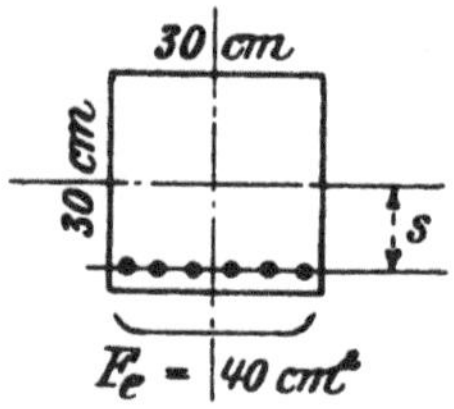

Fig. 55.

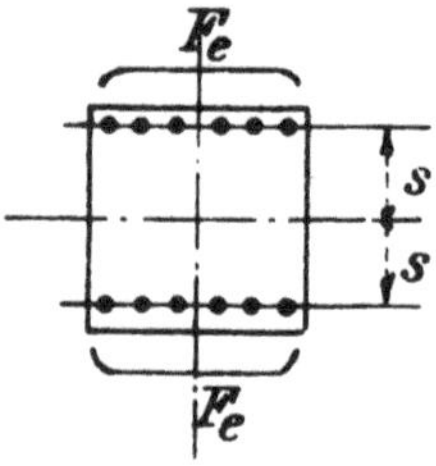

Fig. 56.

2. Derselbe Träger, nur mit doppelter Eiseneinlage. Die Durchbiegung ohne Berücksichtigung der Bewehrung ist wieder

$$f_b = \frac{P \cdot l^3}{48 \cdot J_b \cdot E_b}$$

Die Bewehrung erzeugt für jeden Balkenquerschnitt das Moment

$$M_x = 2 \cdot X' \cdot s = 4 \cdot X \cdot \frac{x}{l} \cdot s$$

Für X den allgemeinen Wert Gleichung 15 eingesetzt, ergibt

$$M_x = P \cdot \mathfrak{N} \cdot x \cdot s$$

Wie vorher ist

$$f_e = \int \frac{M_x}{J \cdot E} \cdot \frac{\partial M_x}{\partial P} \cdot dx$$

$$\frac{\partial M_x}{\partial P} = \mathfrak{N} \cdot x \cdot s$$

Wir erhalten

$$f_e = \frac{2}{J_b \cdot E_b}\int_0^{\frac{l}{2}} P \cdot \mathfrak{N}^2 \cdot x^2 \cdot s^2 \cdot dx = \frac{P \cdot \mathfrak{N}^2 \cdot l^3 \cdot s^2}{12 \cdot J_b \cdot E_b}$$

Als wirkliche Durchbiegung verbleibt daher

$$f = f_b - f_e = \frac{P \cdot l^3}{48 \cdot J_b \cdot E_b} - \frac{P \cdot \overline{\mathfrak{N}}^2 \cdot l^3 \cdot s^2}{12 \cdot J_b \cdot E_b}$$

$$= \frac{P \cdot l^3}{48 \cdot J_b \cdot E_b} (1 - 4 \cdot \overline{\mathfrak{N}}^2 \cdot s^2) \quad . \quad . \quad . \quad (42)$$

3. Ein Träger auf zwei Stützen mit der gleichmäßig verteilten Belastung p pro Längeneinheit. $P = p \cdot l$

Es ist eine einseitige Armierung in der Zugzone vorgesehen.

Die Durchbiegung bei Außerachtlassung der Bewehrung beträgt

$$f_b = \frac{5 \cdot P \cdot l^3}{384 \cdot J_b \cdot E_b}$$

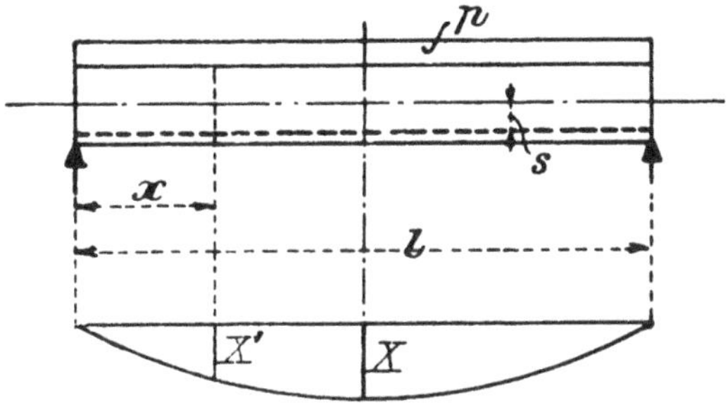

Fig. 57.

Das Moment aus dem Zug der Eiseneinlage für jeden Querschnitt des Balkens ist

$$M_x = X' \cdot s$$

Wie unser Satz 2 sagt, figurieren die Werte X' nach einer Parabel:

$$X' = \frac{p}{2} \cdot x\,(l - x) \cdot \mathfrak{N}$$

Infolgedessen schreiben wir

$$M_x = \frac{p}{2} \cdot x\,(l - x) \cdot \mathfrak{N} \cdot s$$

Um die Durchbiegung in der Mitte des Balkens aus der Wirkung von M_x zu finden, bringen wir daselbst die senkrechte provisorische Last P_n an. Dann ist

$$f_e = \int \frac{M_x}{J \cdot E} \cdot \frac{\partial M_x}{\partial P_n} \cdot dx$$

Das Moment des Eisenzuges, entstanden aus der Last P_n, hat für jeden Balkenquerschnitt den Wert (vergleiche Fall 1)

$$M_x = \frac{P_n \cdot \mathfrak{N} \cdot x \cdot s}{2}$$

Das gesamte Moment des Eisenzuges besteht daher in

$$M_x = \frac{p}{2} \cdot x\,(l - x) \cdot N \cdot s + \frac{P_n \cdot \mathfrak{N} \cdot x \cdot s}{2}$$

$$\frac{\partial M_x}{\partial P_n} = \frac{\mathfrak{N} \cdot x \cdot s}{2}$$

$$f_e = \int \frac{M_x}{J \cdot E} \cdot \frac{\partial M_x}{\partial P_n} \cdot dx$$

$$= \frac{2}{J_b \cdot E_b} \int_0^l \left\{ \frac{p}{2} \cdot x\,(l - x) \cdot \mathfrak{N} \cdot s + \frac{P_n \cdot \mathfrak{N} \cdot x \cdot s}{2} \right\} \frac{\mathfrak{N} \cdot x \cdot s}{2} \cdot dx$$

Wegen $P_n = o$ folgt

$$f_e = \frac{2}{J_b \cdot E_b} \int_0^l \frac{p}{2} \cdot x\,(l - x) \cdot \mathfrak{N} \cdot s \cdot \frac{\mathfrak{N} \cdot x \cdot s}{2} \cdot dx$$

$$= \frac{p \cdot \mathfrak{N}^2 \cdot s^2}{2 \cdot J_b \cdot E_b} \int_0^l (l \cdot x^2 - x^3)\, dx$$

oder

$$f_e = \frac{p \cdot \mathfrak{N}^2 \cdot s^2}{2 \cdot J_b \cdot E_b} \cdot \frac{5 \cdot l^4}{192} = \frac{5 \cdot \mathrm{P} \cdot l^3}{384 \cdot J_b \cdot E_b} \cdot \mathfrak{N}^2 \cdot s^2$$

Wir ermitteln somit schließlich als tatsächliche Durchbiegung des Balkens in der Mitte

$$f = f_b - f_e = \frac{5 \cdot P \cdot l^3}{384 \cdot J_b \cdot E_b} - \frac{5 \cdot P \cdot l^3}{384 \cdot J_b \cdot E_b} \cdot \mathfrak{N}^2 \cdot s^2$$

$$= \frac{5 \cdot P \cdot l^3}{384 \cdot J_b \cdot E_b} (1 - \mathfrak{N}^2 \cdot s^2) \quad . \; . \; . \; . \; . \quad (43)$$

4. D e r s e l b e T r ä g e r, nur mit doppelter Eisenlage.

Auf demselben Wege wie oben ergibt sich

$$f = \frac{5 \cdot P \cdot l^3}{384 \cdot J_b \cdot E_b} (1 - 4 \cdot \mathfrak{N}^2 \cdot s^2) \quad . \; . \; . \; . \quad (44)$$

5. D i e E i s e n a r m i e r u n g s e i d o p p e l t, aber nur in der Zugzone.

Man kann, ohne einen nennenswerten Fehler zu begehen. den Gesamtquerschnitt

$$F_e = F_e' + F_e''$$

einführen, mit dem mittleren Abstand s von der Schwerachse des Balkens. Dann gelangen wir zu der Durchbiegung des 1. und 3. Falles.

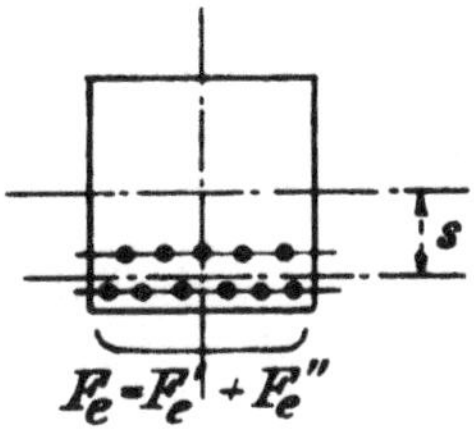

Fig. 58.

6. Ein einseitig eingespannter Balken mit der Last P am Ende. Die Eisenarmierung befinde sich nur in der Zugzone.

Aus den vorstehenden Herleitungen können wir den Schluß ziehen, daß die Durchbiegung am Ende folgenden Wert hat

$$f = f_b - f_e = \frac{P \cdot l^3}{3 \cdot J_b \cdot E_b} - \frac{P \cdot l^3}{3 \cdot J_b \cdot E_b} \cdot \mathfrak{N}^2 \cdot s^2$$

$$= \frac{P \cdot l^3}{3 \cdot J_b \cdot E_b} (1 - \mathfrak{N}^2 \cdot s^2) \quad . \quad . \quad . \quad . \quad . \quad (45)$$

7. Bei doppelter Eisenlage oben und unten schreiben wir

$$f = \frac{P \cdot l^3}{3 \cdot J_b \cdot E_b} (1 - 4 \cdot \mathfrak{N}^2 \cdot s^2) \quad . \quad . \quad . \quad . \quad (46)$$

8. Ist die Belastung gleichmäßig verteilt und die Bewehrung einseitig, dann ergibt sich

$$f = \frac{P \cdot l^3}{8 \cdot J_b \cdot E_b} (1 - \mathfrak{N}^2 \cdot s^2) \quad . \quad . \quad . \quad . \quad . \quad (47)$$

9. Bei doppelter Armierung oben und unten

$$f = \frac{P \cdot l^3}{8 \cdot J_b \cdot E_b} (1 - 4 \cdot \mathfrak{N}^2 \cdot s^2) \quad . \quad . \quad . \quad . \quad (48)$$

10. Es ist die senkrechte Bewegung des Lastangriffspunktes an dem in Fig. 59 dargestellten Auslegerständer zu ermitteln. Die Eiseneinlage befindet sich nur in der Zugzone.

Die Wirkung aus den Normalkräften ist verschwindend gering und kann vernachlässigt werden.

Die Senkung ohne Berücksichtigung der Armierung bestimmmt sich wieder mit

$$f_b = \int \frac{M_x}{J \cdot E} \cdot \frac{\partial M_x}{\partial P} \cdot dx$$

$$M_x = P \cdot a \qquad \frac{\partial M_x}{\partial P} = a$$

$$\frac{1}{J_b \cdot E_b} \int_0^h P \cdot a^2 \cdot dx = \frac{P \cdot a^2 \cdot h}{J_b \cdot E_b}$$

Der Zug X_m der Eiseneinlage übt auf jeden Querschnitt des Ständers das Moment $M_x = X_m \cdot s$ aus.

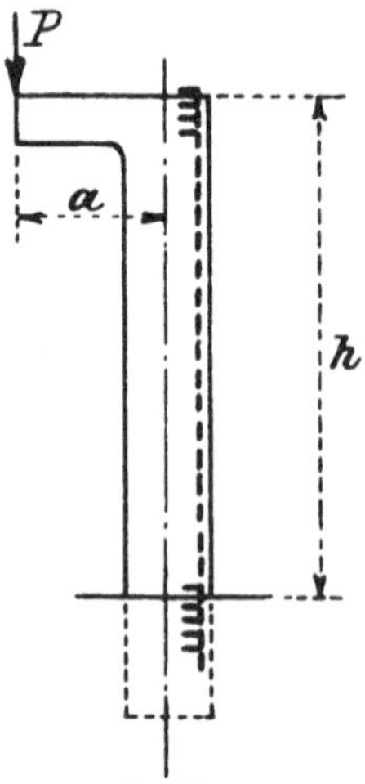

Fig. 59.

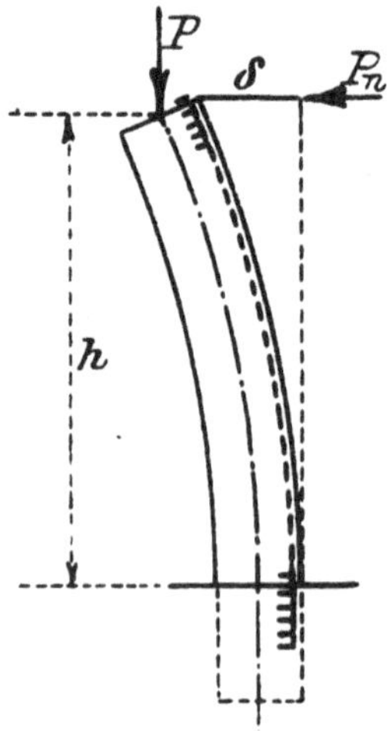

Fig. 60.

Nach Gleichung 38 war

$$X_m = P \cdot a \cdot \mathfrak{R}$$

Somit folgt $\qquad M_x = P \cdot a \cdot \mathfrak{R} \cdot s$

$$\frac{\partial M_x}{\partial P} = a \cdot \mathfrak{R} \cdot s$$

Die Verschiebung des Lastangriffspunktes liefert wieder die Gleichung

$$f_e = \int \frac{M_x}{J \cdot E} \cdot \frac{\partial M_x}{\partial P} \cdot dx$$

$$f_e = \frac{1}{J_b \cdot E_b} \int_0^h P \cdot a^2 \cdot \mathfrak{R}^2 \cdot s^2 \cdot dx = \frac{P \cdot a^2 \cdot h \cdot \overline{\mathfrak{R}}^2 \cdot s^2}{J_b \cdot E_b}$$

Es ergibt sich somit als größte Senkung der Stelle

$$f = f_b - f_e = \frac{P \cdot a^2 \cdot h}{J_b \cdot E_b} - \frac{P \cdot a^2 \cdot h \cdot \mathfrak{R}^2 \cdot s^2}{J_b \cdot E_b}$$

$$f = \frac{P \cdot a^2 \cdot h}{J_b \cdot E_b} (1 - \mathfrak{R}^2 \cdot s^2) \quad . \quad . \quad . \quad . \quad . \quad (49)$$

11. Besteht außerdem eine Armierung in der Druckzone, dann ist

$$f = \frac{P \cdot a^2 \cdot h}{J_b \cdot E_b} (1 - 4 \cdot \mathfrak{R}^2 \cdot s^2) \quad . \quad . \quad . \quad . \quad (50)$$

12. Bei einer zentrisch belasteten Säule mit einseitiger Eiseneinlage tritt eine wagerechte Ausweichung des Kopfes ein. Diese Ausweichung läßt sich folgendermaßen ermitteln (Fig. 60).

Man bringt in der Richtung der Verschiebung die provisorische Last P_n an. Dann wirkt an jedem Querschnitt des Ständers das Moment aus der Eisenspannung, und zwar mit

$$M_x = X_n \cdot s + X \cdot s,$$

wo X_n die Spannkraft aus der Last P und X die aus der provisorischen Kraft P_n bedeuten.

Nach der Gleichung 37 ist

$$X_n = P \cdot \mathfrak{R}$$

daher

$$M_x = P \cdot \mathfrak{R} \cdot s + X \cdot s$$

Gleichung 8 liefert die Eisenspannkraft aus dem Angriff von P_n zu

$$X = P_n \cdot h \cdot \mathfrak{R}'$$

Es wird also

$$M_x = P \cdot \mathfrak{R} \cdot s + P_n \cdot h \cdot s \cdot \mathfrak{R}'$$

$$\frac{\partial M_x}{\partial P_n} = h \cdot s \cdot \mathfrak{R}'$$

Wegen $P_n = 0$ folgt

$$\delta = \int \frac{M_x}{J \cdot E} \cdot \frac{\partial M_x}{\partial P_n} \cdot dx = \frac{1}{J_b \cdot E_b} \int_0^h P \cdot h \cdot s^2 \cdot \mathfrak{R} \cdot \mathfrak{R}' \cdot dx$$

$$\delta = \frac{P \cdot h^2 \cdot \mathfrak{R} \cdot \mathfrak{R}' \cdot s^2}{J_b \cdot E_b} \quad . \quad . \quad . \quad . \quad . \quad . \quad . \quad . \quad . \quad . \quad . \quad . \quad (51)$$

www.ingramcontent.com/pod-product-compliance
Lightning Source LLC
Chambersburg PA
CBHW031451180326
41458CB00002B/730
* 9 7 8 3 4 8 6 7 3 6 9 3 9 *